繁星★公司

繁星★公司

繁星★公司

繁星★公司

綠能經濟學

企業與環境雙贏法則

繁星★公司

目次

推薦序

企業可以自身為本保護地球

十九世紀後期開始，現代的自然保育運動逐漸興起，然而人類對於自然資源保護或保育常常是以人爲中心（anthropocentric）的思維，因爲這些資源是對人類有利的，所以需要保護；但環境倫理學中常提到土地、空氣、山川、動植物等也應該有它們自身的價值及生存權，不是因人的價值觀所在才會產生價值，也就是以自然或生態爲本（ecocentric 或 biocentric）的論述。

一百年後，至今發展了二十多年的「永續發展」概念基本上還是以人爲本，亦即推動永續發展是對組織或國家民族有長遠利益的，至於自然環境本身會有什麼好處，就並不是那麼重要。然而即使以人爲本，要達到永續發展的理想境界還是難上加難，如同現實生活中，各種標榜環保的產品是不是眞的環保，還是只有使用時省水省電，但產品製造時卻是高耗能高污染？一般人看到的環保是不是隱藏著環境破壞的本質？

本書對永續發展提供了不同以往環保人士作法的策略，也想擺脫一九六〇或一九七〇年代環保人士給予世人的印象，例如住在大樹上、蓬頭垢面以抗議原始林砍伐的怪人；本書也強調不應只是著重在細節上的環保，例如僅僅教導公司如何做好資源回收，而是應該發揮第五章所提到的槓桿作用，利用企業本身的強項條件去推動綠色經營，像利用其滑雪度假中心的高知名度來引誘設備及日用品供應商進行綠化的意願，或以美國最大零售商沃爾瑪（Wal-mart）的市場力量去要求供應商提供綠色產品，而不是只有在公司內部進行節能省水或植樹綠化而已，應該要從可以發揮環保影響最大化的方式切入。

二〇一二年會是個特別有趣的一年吧！那一年會有國內外的總統大選，會有瑪雅人預測的世界末日或人類文明重生，也會有京都議定書中各國溫室氣體減量到期。然而雷聲大雨聲小的二〇〇九年哥本哈根會議並沒有對後二〇一二年時代達成任何具體協議，只有會議場所（Bella Center）內上演著國際政治角力，會場外則有綠色和平組織對在寒風中苦候進入會場的各團體代表進行苦口婆心式的宣傳，也有清海無上師的信徒高舉標語來宣揚吃素對環境的益處，還有其他各環保團體運用其自認爲最有效的方式來宣達理念。本書從環保團體的觀點，認爲各政府的行動來不及解決迫在眉睫的全球氣候變遷危機，而提出企業自己可以從結構性的改變來保護地球，亦即以公司企業爲本，提出了不同層次的策略，是值得靜心一讀和仔細思考的好書。

中華經濟研究院國際經濟研究所副所長

林俊旭

推薦序　做比說更有益

綠色生產、綠色銷售、綠色消費，因應綠與永續發展的要求，已是過去近二十年來，全球企業所面臨的最大的挑戰。一方面，企業以營利爲己任，另一方面企業家族也與一般人一樣，同樣需要生存於地球上。一個無法永續的生存環境，也同樣代表無法永續的經營環境，對此，企業到底要如何自處？

強調綠色其實是對企業有利的。如投資安裝節能產品，可以節省開銷。強調綠色，可以取得免費的媒體介紹與好的名聲，更別說是與鄰里和睦相處。而強調永續，就會注意長期氣候與環境的變遷，注意到如何適應與抑制變遷，這樣才可能永續經營環境，對於企業更是有利的。

台灣的經濟是建基於工業生產，企業大量使用台灣的資源，就爲了生產能夠外銷出去的產品。如此讓本土環境不永續，卻不傷害消費者環境的作法，顯然是很愚蠢的。企業若不自救，台灣的環境與台灣的經濟，終將沉淪下去。

本書強調企業應當動手朝綠的方向改善，並詳述作者所曾遇過的許多狀況，非常適合企業經營者參考。邁向綠色經營，好處是多得數不完，沒有理由拖延著不行動。至於是否要等待政府指導、協助？在台灣，政治議題凌駕一切議題之上，企業若積極強調永續，反而能引領社會氛圍，在大家對政治議題愈來愈反感的時代，成爲台灣永續發展的支柱。

國立台灣大學全球變遷研究中心主任　柳中明

第一章

這是壕溝戰，不是外科手術

「我們必須想像重複做白工的薛西佛斯（Sisyphus）是快樂的。」

——亞伯特．卡繆（Albert Camus）

唐尼的工作褲沾滿了泥土和油污，他一邊走，褲子一邊劈啪作響。五十多歲的他精瘦而憔悴，晚上他在愛斯本滑雪公司的車廠修理剷雪車，黑眼圈就是這麼來的。他很少休假，煙不離手，嗜抽駱駝牌。有一次我建議他使用不含致癌溶劑的煞車盤清潔劑，他把煙彈到地上，說：「後患無窮。」唐尼也是空手道的黑帶。

我呢，我是穿著硬挺襯衫的「環保人士」。但我跟唐尼一樣，也有工作要做。我的職責是降低公司對地球的影響，盡可能讓公司事業「永續經營」。我和唐尼在同一間車廠相遇，是因爲我們服務的滑雪度假中心力求成爲一家「綠色企業」。唐尼，以及像他這樣的人，正是解決全球環境問題不可或缺的地面部隊。

我對唐尼的工作一直有一股親切感，因爲我也曾做過類似的前線作業。我曾參與政府主辦的一項「低收入能源協助」計劃，替低收入住家做隔熱工作。我曾是「耐候化（weatherization，編按，指爲住家加強隔熱、更新冷暖氣設備以節省能源，對抗氣候變化）技術員」。聽起來很炫，但那表示我得鑽到貨櫃屋底下，爬過泥濘和動物屍體，進入狹小得連頭都轉不了的地方。在拖車底下戴著口罩、身穿泰維克防護衣的我，明白每個人都可成爲蜘蛛專家，而每一種蜘蛛都可以是黑寡婦。

我在地板上戳洞，吹入硼酸膜纖維素——名稱很複雜，說穿了就是舊報紙做的隔熱材料。我一邊包覆熱水器，一邊吸入玻璃纖維——也就是石棉。我在吹隔熱材料時從天花板摔下來，就跌到一個年屆七十、靠吸氧氣維生的老爺爺旁邊。

這些工作是在科羅拉多州西部幾個頹圮的城鎮進行，那些鎮名都會讓我想起作業艱辛坎坷的一面：來福、祕克、克雷格和席爾特。「在席爾特，凡事皆不稀罕」是那個小鎮私底下流傳的警語。「閉上嘴巴，開始填隙」則是我的座右銘。我和我的同事住在另有三名室友的雙拼貨櫃屋，我們手頭拮据，因此每天中午都把工程車停在公路休息站旁，在車裡吃從住處帶來的午餐。但有些日子，當生活太過乏味，我們會把錢揮霍在我們所謂的「防自殺午餐」，在當地的咖啡店買漢堡、薯條和可樂。那固然會占用我們買酒的預算，但確實讓生活得以爲繼。

每一份工作都是骯髒、不健康、讓人累得半死的。不過，我漸漸明白我十八年前做的那份工作，正呈現出環境永續運動最前線的風貌。我們非做不可的事情既不有趣亦不吸引人，有時甚至看來毫無成功可能。儘管我飛也似地逃離了那份工作，我仍留在環保領域，而那段爲貨櫃屋做隔熱的經驗，也讓我分外欽佩那些壕溝戰士——無懼雙手髒污、處於問題與解決問題之刀鋒邊緣的勇者。他們必須實事求是。坦白說，依我個人的經驗，環境運動的純理論派人士鑾令人失望的——那些投影片專家以爲自己無所不知，卻完全沒動手烤過派、沒搭過棚子、沒換過馬桶，或是讓剛裝好的隔熱屋頂被風吹跑——我就曾這樣（我們忘記用釘子固定）。

實事求是很重要，因爲我們的問題已迫在眉睫。我們沒時間遊手好閒，沒時間耽溺於自以爲有所進展的妄想，也沒時間再鑽研那些實際上站不住腳的理論了。

刻不容緩的原因是氣候的快速變遷。

氣候危機正在發生——就在這裡

二〇〇七年十一月，諾貝爾獎得主聯合國跨政府氣候變遷專家小組（IPCC）發布其第四份綜合報告。這份報告係由一百四十國代表聯合簽署，包括中國和美國。《紐約時報》報導：「小組成員表示，經審查資料後，他們必須以團體及個人身分做出以下結論：溫室氣體必須即刻開始減量以避免全球氣候災難，因爲那可能會使島國被海淹沒而遭棄置、非洲耕地縮減五十％，進而造成全球國內生產毛額銳減百分之五。[1]」這只是開頭。

這份報告其實不算什麼新聞了。二十年前我上第一堂氣候科學課時就聽過這些資訊。好些時間以來，每一間獨立科學機構，從美國國家科學院（National Academy of

Sciences）、八大工業國的所有科學研究院到美國科學促進聯會（American Association for the Advancement of Science），無不認爲氣候變遷正在發生，也是人爲造成。科學家們從未達成過這樣的共識，即使他們採用不同方法、來自不同國家、有著不同意識型態和說著不同語言，仍舊發現同樣的結果。就連福音派基督團體也同意並發表了「福音派氣候行動」（Evangelical Climate Initiative），呼籲世人身體力行多位美國重要基督教領袖所背書的行動。而事態愈來愈明朗的是，氣候變遷對於人類未來繁榮的衝擊，遠勝於其他任何事物。氣候變遷不僅是「環境」議題，也是全球經濟議題和世界衛生議題。更確切地說，它對經濟和世界衛生同樣重要。

在ＩＰＣＣ於二〇〇七年發布的這份報告中，最令人耳目一新的地方是它的語氣。成立於一九八八年，旨在檢視氣候變遷對人類潛在威脅的ＩＰＣＣ，向來以意見一致和陳述保守著稱——保守到常發表溫和得令人抓狂的預言，讓環保社群頭痛不已。這就是爲什麼聽到ＩＰＣＣ小組強調我們必須立刻行動，否則就有摧毀地球生命之虞，會如此令人心驚膽顫。該組織的領導人，科學家暨經濟學者拉珍德拉．帕卓里（Rajendra Pachauri，因前任領導人對氣候行動的需求喋喋不休而獲小布希總統任命）最近表示：「如果我們在二〇一二年前沒有動作，就來不及了。我們未來兩、三年的作爲將決定我們的未來。這是關鍵時刻。」可惜，IPCC最近這份駭人報告並未包含更具警示作用的科學與同年發生的氣候事件。例如夏天的大規模極冰融化，以及格陵蘭和西南極洲的迅速消融，皆出乎先前模組所預期而令科學家瞠目結舌。據賓州大學理查·艾萊（Richard Alley）教授的說法，格陵蘭和南極洲提前一百年融化[2]。二〇〇七年全球二氧化碳的排放量超過科學家最極度的預期，表示我們賴以觀察未來情勢的模組太保守了。但那些「保守」模組也預示了災難，其中有些看來極似二〇〇八年肆虐美國的大洪水和狂風暴雨[3]。

企業：進退維谷

在此同時，企業既是環境惡化的元凶，也是受害者。一個好例子：我最近在一家餐廳菜單上看到的智利圓鱈。這種魚兩年後將絕跡。那接下來餐廳要供應什麼？更好的例子：在我們的滑雪度假中心，我們必須在暖化的氣候中製造愈來愈多的雪才能繼續營業，因此我們會花愈來愈多的錢，使用愈來愈多的能源，而回過來使氣候更加溫暖，使我們必須造更多的雪。我們掠食了我們賴以存續的氣候，吃自己的尾巴求生。氣候變遷威脅著地球上的各行各業，而企業正是氣候變遷的罪魁禍首。

因此，愈來愈多的公司——從巴塔哥尼亞戶外用品（Patagonia）到杜邦（DuPont），從沃爾瑪（Wal-Mart）到奇異（GE）——都在尋求不傷害環境的營運方式。他們這麼做是因爲生存受到威脅，也是因爲考慮到消費者對「綠色」產品和服務的渴望與日俱增。同樣重要的一點：如果企業是地球問題的一大根源，那麼它也可能是其解決之道。

「企業永續經營運動」主張環保思想和企業可共創雙贏局面。那些顧問——以及雨後春筍般的文獻——紛紛表示企業可以全盤接收：競爭力與乾淨的空氣，行情看漲的銷售與生物多樣性（biodiversity）。

鮮少公司能達成永續經營的理想，但大師們並未因此退卻。他們的願景是一個雙重的綠色世界：環境管理工作會造就更多獲利，因爲大自然本身永遠是獲利的終極來源。「綠即是綠」（Green is green）已是普遍接受的觀念，意即：「永續經營的企業會在雙方面呈現綠色——具獲利能力，且有益環境！」

這領域最好的著作——《商業生態學》（The Ecology of Commerce）、《綠色資本主義》（Natural Capitalism）、《從搖籃到搖籃》（Cradle to Cradle）——已成爲綠色企業擁護者的聖經（且有充分理由）。這些書籍廣泛探討建立綠色企業的辦法，也從三萬英呎的高空大獲成功。就這項剛萌芽的運動而言，它們的目的達成了。

那些夢想家指出，我們可以在地球開闢一座新的伊甸園——廢棄物與污染的概念不復存在，能源來自取之不盡的風和光，氣候變遷和漁場破壞等生態浩劫都成了過去式。

他們說得沒錯。

只是有個問題，唯一的問題：沒有人知道如何實現。或者這樣說：一些非常聰明的人已經畫了地圖，但我們不知道那些路怎麼走。或者是否眞的有路可走。一如與唐尼在車廠裡共事的另一位實事求是的技師曾跟我說的：「我們的企圖心很強，但行動力薄弱。」

然而，如果我們眞的試著往那裡去，會發生什麼事呢？如果我們眞的去做了一些專家告訴我們非做不可的事？有時，做這些事不是那麼愉快。這份工作比較像壕溝戰，而非外科手術。

唐尼的零件清洗機

回到愛斯本滑雪公司的修車廠，唐尼同意以水洗式零件清洗機取代原有的溶劑式（用來清洗螺栓和墊圈、沾了油污的彈簧和其他機械零件）。水洗式零件清洗機，一如其名，是種很美的東西。它就像洗碗機，只是洗的是零件。你不必再花大錢買昂貴的溶劑，用水就可以。不必再讓技師接觸有毒的煙霧，這種機器所使用的、最不溫和的東西叫柑橘皀。不必再花錢請人把有害廢棄物載走，你自己便能消滅廢棄物。也不必再塡複雜的文件向聯邦管理機構申報、冒著被稽查和罰款的危險，你什麼都不必申報，因爲完全沒有需要管理的東西。我算過，只要十八個月，我們省下的溶劑和處置費用就能抵銷買機器的成本了——降低的風險和增加的便利還不包括在內。

只有一個問題：這清洗機不能順利運作。在修車廠裡，唐尼把我拉到一旁。一如往常，他看來疲憊不堪，這時還一臉沮喪。他說：「這東西洗得很慢，會留下白膜狀的殘餘物，而且聲音大得跟重金屬的鼓手沒兩樣。你可以幫我解決嗎？」

在試過品質較好的肥皀、問過幾位修理工之後，我已經幾乎要放棄了，此時，一位名爲大衛・卓拉福斯（Dave Draves）的電氣技師發現原來是馬達裝反了。

我們的計劃雖然立意絕佳，卻差點因爲某件完全出乎預料又不可避免的事情功虧一簣。幸好我們電氣技師的好心和誠實救了它（唐尼也大可不要透露馬達的問題，給這部他其實不怎麼想要的機器判死刑）。此次安裝錯誤事件也差點讓愛斯本滑雪公司的所有環保產品蒙上惡名，加深世人「綠色產品或許可行，但沒那麼好用」的錯覺（例如你的環保洗碗精）。

這兒有個不足爲外人道的祕密：永續經營命運多舛。一件出乎意料的事就足以粉碎所有希望，讓人不再相信它能創造驚人的報償。個性、習慣、政治和觀念會一起阻攔革新，即使能實現革新的科技已經存在。願景很美，但誠如布魯斯・史普林斯汀（Bruce Springsteen）所言：「在我們的夢想與行動之間，存在著整個世界。」沿途荊棘密布。只是我們從未聽說罷了。或者如工程師楊・史內普修特（Jan L. A. van de Snepscheut）所說：「理論上，理論和實際並無差異，但實際上，差異是存在的。」

現實面的現實

今日企業永續經營運動最大的瑕疵在於：很少人願意承認，若不大幅改變世界目前運作的方式，永續性便難以達成，甚至不可能實現。報告、標竿學習與行動之間的鴻溝既寬且深；這就叫「分析癱瘓」（analysis paralysis）。委託另一項研究來推算事情究竟有多糟，或最佳解決途徑可能爲何，總是比捲起袖子、眞正開始解決問題來得容易。對多數企業來說，「環保」意味著大量極具企圖心的計劃（其中無一實現過）和長期投入「碳足跡」（carbon footprint，編按，指一個人、家庭、企業的日常二氧化碳排放量）的評估。事實上，環保工作確實是進步的。但這個事實本身即爲悲劇，也顯示這世界有多耽溺於「照常營業」的環境。

過去人們之所以聚焦在永續性運動的理論和成就，一個原因是，若在這個新領域承認失敗或失策（更別說把它們記錄下來），便會在其逐步發展的學理中，形成無可彌補的缺憾。這就好比要奈勒斯（Linus，《花生家族》（The Peanuts）裡的人物）同意世上或許眞的沒有大南瓜一樣。

政府當局和推動綠色企業的非營利組織會說，邁向永續經營是一條順遂的路，這是因爲他們有利可圖：前者企圖美化政策與從政者的面目，後者企圖以這些成就來推銷他們的任務及募款。企業也是如此，他們不是試圖確立品牌定位，就是想說服消費者和股東相信他們的作爲合理可行。在此同時，永續經營的顧問也不願點出現實世界的挑戰，因爲他們試圖以他們的哲理賺取金錢（這不是批評——願他們順利！只是我們需要更有效的東西）。

綠建築即爲一例。利益關係人往往怯於質疑「環保建築便宜、易建、好玩、實用又醒目」的迷思（環保建築是擁有以上一些優點，但不是全部，不過我們還是有充分的理由去打造）。問題在於，一旦踏入綠建築的過程，你便不敢點出其中的缺點，因爲現在你的工作已被視爲模範，是眾人矚目的焦點。例如聞名全球的建築師威廉·麥唐諾（William McDonough）就常以他爲歐柏林學院（Oberlin College）設計的路易斯中心（Lewis Center）爲題發表演說。儘管那棟建築問題不小，他的演說內容仍往往過分樂觀；他會過度強調其能源使用（或者不需能源），但路易斯中心耗用的能源其實比一般建築還多。這種普遍不願承認失敗（甚至不願承認不完美）的現象，使得整個建築業無法從錯誤中學習。而非得等到我們克服這種心態——等到我們願意討論我們所犯的錯誤和我們遇過的陷阱，而不只是頌揚我們璀璨的成就——我們的學習曲線才不會一直維持平緩。

你一定在新聞裡看過許多「成功的綠化故事」，倘若挖掘其表面下的眞相，你會時而發現更類似《現代啓示錄》（Apocalypse Now），而非精準營運的事例，但這不代表我們要放棄。只是我們必須承認，看投影片簡報永續經營理念是一回事，將它落實則完全是另一回事。

永續經營的大師表示這些障礙全都可以克服。但他們說話的對象通常是像我這樣覺得使用省水馬桶很光榮的人。他們沒和餐廳經理一起吃過飯，不明白有些人的事業與堅持產品品質的觀念息息相關。我則有過這樣的訪談。

失敗為成功之母

想像一下，你是一家世界知名度假中心的環境部主任。在經過多重政治角力後，你好不容易在一家高檔餐廳安裝節能照明設備。這項計劃能省下數萬美元的電費，也能防止大量二氧化碳排放助長氣候變遷。這是永續經營運動的「劍及履及」之事，氣候戰爭的藍領工作。餐廳開幕了，而餐廳經理一看到省電日光燈便大爲不悅，他摘掉燈泡，把它們扔掉，換上不節能的鹵素燈。這不是因爲他愚蠢、無知或顢頇，而是因爲他有事業要經營，且正以他心目中最好的方式去做。你不會在高級餐廳裝節能日光燈，就像你不會在法式長條泡芙（**éclair**）上淋 Cool **Whip** 的奶油泡一樣。

於是，你的永續經營工作爲你帶來以下種種：白花的設計和安裝費、不節能的照明、經理對綠色科技喪失信心；數百盞昂貴的省電日光燈不被回收使用，而在當地垃圾掩埋場慢慢漏汞；還有預料外的新燈泡和安裝成本。這是眞實故事。是十年前愛斯本滑雪公司發生的眞實案例。此後那家餐廳的照明便未再改善了。

另外，坊間現有探討永續企業的文獻皆流於公式化：「創新領導人可以在克服污染障礙的同時維持獲利——執行長要跳脫既有思考模式！」前美國環保署長威廉・萊利

（William Reilly）曾盛讚最近一本環保商業書籍是「發人省思的藍圖，指導企業如何因應從氣候變遷到水污染等重大環境問題，如何增進績效、提升競爭優勢、賺錢和贏得友誼……」（我要買兩本！）過去十年，《富比世》（Forbes）、《今日美國》（USA Today）、《高速企業》（Fast Company）、《華盛頓郵報》（Washington Post）、有線電視節目、網路部落格和其他媒體無不刊登或製播「環保眞容易！」之類的文章和節目。

該是換換口味的時候了。這些優良著作的理論和成就都需要補充。我們必須探討與實際執行有關的失敗和困難。時機已經成熟。既然永續經營運動已具有若干動力、若干實在的可信度、以及許多貨眞價實的成就，應該可以聊聊它爲什麼像是壕溝戰，甚至坦承一路所犯的錯誤了。要補足這張通往永續性的路線圖，我們需要一本探討錯誤的書。就好比學打變化球時，能讓你領略箇中技巧的不是打中球，而是揮棒落空。

幸好，承認失敗毫不可恥。誠如詩人奧斯卡．王爾德（Oscar Wilde）所言：「人人都把自己的錯誤美其名爲經驗。」麥唐諾自己在見到《環保建築新聞》（Environmental Building News）報導歐柏林建築的問題時也表示，重點不是這些新工程一開始能否完美運作，而是最終能有效運作。「設計是意圖的信號」（我必須補充，那包括我們在過程中學習的意圖[4]）。找辦法達成永續經營是高尚的行爲，掩蓋錯誤則是可恥的行徑。對於我們的工作，就算眞相殘忍而惱人，我們也必須實話實說。

專家並非完美無瑕的神。專家是已經犯過書本寫的所有錯誤，而能夠教你如何避免的人。專家絕對該謙沖自牧。

愛斯本滑雪公司的願景

上面那則餐廳照明的故事或許會讓你以爲愛斯本滑雪公司不是那麼先進，也不是眞的那麼關心環境和氣候。事實並非如此。

愛斯本滑雪公司對環境保育的堅持乃深根於文化之中。他們有獨樹一格的指導原則，其中之一便是「管理我們山丘的環境」。那聽來或許空泛，但如果我們不遵循原則，員工是可以把工作手冊扔在執行長桌上的。我們的宗旨不是賣纜車票和飯店房間，而是「重振精神」。如果一直傷害環境，你就無法重振人們的精神了，因此，我這個搞環保的人似乎被交付了無盡的使命（至少我是這樣解讀的）。

多年前我在一場雞尾酒會上被公司一名老闆問到馬桶翻新工程進行得如何。當時我連他知不知道我的名字都不確定。豐雪山莊（Snowmass Village）的馬桶大多安裝於一九六〇年代，每次沖水要用五加侖的水。把它們更換成一點六加侖的款式不但可省下大量用水，還可保護鎮上的水源豐雪溪。沒錯，這是千真萬確之事：我們爲此實行了一個計劃。

老闆們在乎這件事。這事實或許會讓最極端的環保人士喜出望外。我們的老闆都是好幾家市值數十億公司的老闆或董事，他們都有其他的事情要煩惱。但那一晚例外。

不僅老闆是我們的後盾，高級主管和全體職員也鼎力支持。我們爲四座滑雪山丘、兩家旅館和高爾夫球場做成的每一項決策，執行長邁克・凱普蘭（Mike Kaplan）都會納入環保要素（最近他在高級主管的面前拍桌子，說他「極度渴望」能更積極地進行節能工作）。同時，欣賞自然世界是愛斯本的創社精神。有一次，在一場大暴風雪後，我一進公司就看到邁克寄來的電子郵件，上頭寫著：「你今天不去滑雪就虧大了。」我的職務——永續工作常務董事——是公司的高階職位。我們的財務長麥特・瓊斯（Matt Jones）是我的好友；我們一起喝波本威士忌，而他可說是我密謀保護環境的共犯——這是好事，因爲他正是一切綠色計劃的金主。此外，我幾乎每天都會接到一些冬季員工（總人數三千八百名）的電話，他們提出建議、讚許、委婉的批評和壯志凌雲的提案，包括纜車禁煙和消除滑雪板蠟裡有毒的全氟化碳[5]。

環保困難重重，光靠動力不足成事

儘管我們的幹勁顯而易見，每隔兩年我們還是會發布一份永續工作報告，分析我們的能源和排放情形。我們發現，最重要的那一件事眞的很難做到：減少二氧化碳排放。就算我們已透過翻修、綠建築、現場再利用能源及全面節能措施消除了數百萬噸的二氧化碳，我們的排放量仍緩步上升，主要原因是我們的事業有所成長，能源密集度也隨之增高。比如說，當我們的客人要求改善環境整潔，我們的燃料使用便節節高升。當我們以高速、高承載的纜車取代老舊、搖晃的舊車，用電量也跟著大增。有人會說我們不該採取這些行動，但這有失公允——用四十高齡的老式纜椅是無法經營世界級度假中心的。而在此同時，一如我們將在第二章見到，科學家告訴我們，我們必須在本世紀前減少八至九成的排放量，才能有效遏止氣候變遷。

我們碰到的障礙似乎在商業世界非常普遍。舉個例子來看，二〇〇八年我們許多部門共申請了四千萬美元的資本支出（換新屋頂、爲每天漏水一百加侖的泳池重鋪磁磚等），但公司只有九百萬的預算。在這個競爭激烈的環境，太陽能面板或節能暖氣翻新工程或許拿不到經費——可能也不該得到，因爲直接滴到客房床上的屋頂漏水更需要立刻修理。

其他公司也舉步維艱。近年來已成爲企業界環保翹楚的沃爾瑪每年都花費五億美元進行綠色計劃。二〇〇七年十一月，該公司發布第一份永續工作報告，顯示其二〇〇六年的二氧化碳排放量平均比二〇〇五年多了百分之八點六。

克里夫·克魯克（Clive Crook）在《大西洋》（Atlantic）月刊中寫到各國依據《京都議定書》所做的減少排放的承諾：

> 即使（美國除外的）每一個富裕國家都簽署了，長達數十年的排放上升趨勢仍未減緩。日本和加拿大皆絕望地超過了限額。在西歐，只有三個國家可望實現承諾。期限將至，其他國家都表示將在二〇一二年《京都議定書》屆期前進行必要的政策變革——但嘴巴說說當然容易。[6]

美國地方自助協會（Institute for Local Self-Reliance）曾以地方層級如何因應地球暖化爲題提出過一份報告，做出以下結論：那些承諾達成《京都議定書》減少排放目標的城市，「雖然提出保證且精心處理了若干重大問題，但要把溫室氣體的排放量減至一九九〇年的水準以下，仍是莫大的挑戰。除非州或聯邦政策實施配合性政策，許多城市的嘗試可能難逃失敗。[7]」

石油業中向來對氣候變遷採取最積極立場的桑可能源公司（Suncor），正捲入全球最大的生態和氣候浩劫之一——加拿大阿爾伯達省的油砂開發。發生什麼事了？顯然該產業（及政府）非常了解問題所在，卻無法採取必要措施——或者更糟的，他們不想。

降低二氧化碳排放是很困難的事，即便企業或自治政府深具動力也是如此。那是因爲我們生活在一個立基於能源的社會裡。一如水中的魚，我們也在能源裡游泳，只是我們渾然不覺罷了。何況能源向來便宜，現在還是如此（就算價格有所上漲），這表示節約能源的誘因有限。如此一來，企業固然會精心挑選能以最低成本節省最多能源的計劃，卻會擱置進一步減少排放以解決氣候問題的必要措施。事實上，是否實行減少獲利的「刮脂」（cream-skimming）類的能源措施，已成爲現今判別「綠色企業」的定義。

企業是爲了賺錢成立的，而賺錢意味著製造更多碳排放，這與成長常是並轡而行。看看桑可的例子：一旦油價來到特定門檻，它拯救氣候的抱負便蕩然無存。它從全球最積極的綠色石油公司，搖身變成史上最嚴重的違規者之一。若無減碳規範——對能源課稅或是管理二氧化碳排放的總量控管及貿易計劃——企業勢將不惜犧牲大氣來追求獲利，因爲污染是不需成本的。這不代表企業都是壞蛋。事實恰恰相反。在保護地方環境的稅基配合下，企業帶給人們繁榮、提供生活必需品，而且不管怎麼說，它是不會消失的。它是人類最古老的努力之一，或許僅次於愛。想辦法讓企業成爲正面的力量，才是我們當爲之事。

要讓企業美國邁向環保，會是個緩慢而困難的過程。短期內政府是否會採取我們需要的行動來改正自由市場的重大缺失（例如污染天空是免費的），事態尚不明朗。恰當的例子：這十年來國會歷經掙扎，才通過將燃油效能標準提高幾MPG（加侖／每公里）的法案。但我們現在了解，如果希望解決氣候問題，把燃油效能標準提高個幾MPG根本於事無補。

按下社會的「重設」鈕

氣候問題的嚴重程度大到許多人無法想像。因此，多數的行動計劃其實並不適當。人們購買Prius油電混合車或自備帆布袋去超市買東西是好事，但我們禁不起「採取這些行動就夠了」的妄想。

我的好友蘭迪．烏達爾（Randy Udall）是名能源專家，經營一間專司節省資源工作的非營利組織達十三年。他指出，我們不要再討論那些小事了。「你必須改變整個能源系統，尋找另一種方式來帶動繁榮。」耶魯大學森林暨環境學院院長哥斯．史裴斯（Gus Speth）提出「資本主義轉型」的需求，呼應了烏達爾的觀點。這項工程十分浩大，意味著要按下社會的「重設」鈕。我們以前做過那樣的事——例如發展民權，或者美國革命期間的作爲。但以上豐功偉業都沒有嚴格的時間限制。其中一個——達成完全民權——甚至尚未完成；另一個則是仰賴戰爭。而解決氣候變遷的挑戰至少和上述兩者同樣艱鉅。

透過企業是開啓革命的一個途徑。本書將聚焦於企業在創造永續世界上的角色，因爲我在這個領域累積了相當的經驗。企業有相當關鍵的角色要扮演：在全球前一百大經濟體中，有五十一個是企業。企業比個人更能影響政策，因爲他們對政府有巨大的影響力。況且在等待政策改變的同時，企業單憑一己之力就能完成許多事情。

儘管如此，企業只是因應氣候變遷的關鍵之一。企業聰明機靈，也有足夠的動力（受獲利驅使）和影響力來驅動大規膜的變革。例如杜邦公司就研發出非傳統式的冷媒，對解決臭氧層破損的問題大有助益。但企業很難發動「足夠」的變革——至少不是出於自願。我們不能指望他們一路騎著白馬，因爲多數公司在達成至多百分之三十的節能效率、取得相對不錯的獲利後，便會宣布成功（事實上也是頗爲重要的成就），繼續賺錢去也。這還是假設每家公司都在乎氣候變遷的情況之下，而事實上，滿不在乎的公司比比皆是。

僅仰賴企業或個人自發性的減少排放措施來開啓這場革命，就像是要船上每個人在風平浪靜時朝船帆吹氣一樣。這宛如杯水車薪，何況不是每個人都會參與。從我們現在所站的位置，加上時間限制與大規模行動的需要，唯有政府的行動——全球規模的政府行動——能讓這場變革以我們需要的速度前進。

所以，這本書爲什麼要探討企業環保實務，而非遊說政府進行變革呢？答案是雙方面的：首先，氣候工作必須從此刻開展。我們沒時間等下去了。其次，本書介紹的一些「壕溝」工作確實有助於大幅改變現狀。在致力促使政策面做出改變的同時（敦促華盛頓當局改革確實跟打仗沒兩樣），我們也必須在企業和我們的自家、公司、學校和社區展開行動。政府需要有人示範什麼叫積極保護環境，需要個案研究來建立政策。每一個個人、每一間公司都至關重要，因爲我們需要實務來判定什麼事值得進行，以及最好的進行方式。這工作雖然無比艱辛，但好消息是，從身邊做起並不困難。它只是比較像壕溝戰，因爲我們還沒有到位的政策來讓它不費吹灰之力順利進行。

更重要的是，因爲行動的時間非常有限，我們必須釐清何者關係重大、何者不具價值，然後排定優先順序。本書的目標是幫助你找出有意義的行動，然後加以完成。那或許包括更換燈泡，但別就此罷手。想想你可以怎麼利用自己或公司的影響力來促成最高層級的政策變革——你可以怎麼助環境一臂之力，讓地球上每一個人都更換燈泡呢？也請你明白這個事實：你的努力最終一定會產生最大的衝擊。

多點苦幹實幹的人，少點夢想家

總而言之，我們必須即刻行動——因爲我們非這樣不可，也因爲唯有如此，當我們協助催生的好政策終於姍姍來遲時，我們才能憑藉著實務經驗而突飛猛進。因此，我們必須把焦點擺在行動、確實把事情完成上面。在歷經長年研究卻沒多少改變、做過好些細小瑣碎卻飽受輿論施壓的計劃（因爲那通常伴隨著龐大行銷活動）、推行過若干沒效率或無意義的政策、開過上千場名爲探討永續經營，卻只促成下一場「晚餐或雞尾酒會」的會議之後，認眞做事的時候到了。我們必須大幅增加苦幹實幹的人才，取代夢想家，少點冠冕堂皇的宣言，多點躬身實踐的行動。是該深入鍋爐中心調整、修理零件清洗機、更換暖氣系統的髒濾網——以及損壞政府這個統治機器的政客和政策的時候了。

這本書說的是執行者（唐尼之類的人士）的故事，且以「我們全都是唐尼」的觀念爲根本；我們全都必須加入步兵隊，在壕溝裡苦幹實幹，年復一年，犯錯、失敗、學習，慢慢向前，一步一腳印。然後我們再上酒吧，一邊暢飲啤酒和龍舌蘭，一邊暢談我們的經驗。你將在這裡讀到的故事將讓對話得以繼續：「你是怎麼辦到的？眞有其事？」聊天的意義在於讓我們的工作更容易，至少也可以證明我們不是孤軍奮戰。聊天也能將理論家轉變爲行動者，而那需要注入大量的現實思維——事實眞相——你可以在本書中找到。在展開行動之前，我們有必要先了解難以避免的困境。如果你以爲要參加的是少年美式足球賽，結果，在球場好整以暇等著你的卻是紐約巨人隊，早點知道總是利多於弊。

爲此目的，這本書說的正是你未曾聽聞的故事（因爲這故事多少令人難堪）。本書的目標是提供一個模式，讓你了解並克服企業環保工作的難題，拉開永續經營謎團各個面向的簾幕——從爲永續工作定調、支持乾淨能源，到打造綠建築和推廣你幹的名堂——並毫不遮掩地教你該怎麼做。本書也希望能協助你一邊進行手邊重要的小事，一邊研究更大也更要緊的議題。

愛斯本是其中許多故事的中心場景，它代表一個社群的角色和命運，讓你得以思考貴公司或許可以如何演出。將一本書的焦點擺在一個以光鮮亮麗聞名的地方所進行永續工作的齷齪現實，乍看下或許有點奇怪，但就某種意義來說，這才是重點所在。我們即將了解，解決氣候變遷問題是件艱鉅的工作。但它也很美、鼓舞人心、饒富趣味又深具意義。等時候一到，氣候的原野將變得格外迷人。尤其我們已經發現，從壕溝望出去的景色，或許是最美的。

註釋

1. 羅森薩爾（Rosenthal），二〇〇七年。
2. 喬瑟夫・羅姆（Joseph Romm），二〇〇八年。
3. 艾爾佩林（Eilperin），二〇〇八年。
4. 馬林（Malin）和波伊蘭德（Boehland），二〇〇二年，第十一頁。
5. 請參閱普爾製蠟公司（Purl Wax）網站：http://purlracing.com/osc/catalog/privacy.php。
6. 克魯克，二〇〇八年，第三十二頁。
7. 貝萊（Bailey），二〇〇七年，第三頁。

第二章
氣候變遷與當務之急

「美國現在就該採取若干步驟，以有效及有意義的方式來降低碳排放。」

——雷克斯・提勒森（Rex Tillerson），埃克森美孚（Exxonmobil）執行長

有些事情從來沒改變過。高中畢業典禮上，畢業生代表一定會引用蘇斯博士（Dr. Seuss）的《噢，你將去的地方！》（Oh, the Places You'll Go!）。而在企業永續經營的會場，主講人（或許做爲主旨）會試著替「永續性」下定義，然後扼腕地嘆道這工作有多困難。多年來，嘀咕永續性的意義已成爲一種陳腔濫調。無可避免地，主講人會援用聯合國布倫特蘭委員會（Bruntland Commision）的定義：「能滿足現階段需求，而不會危及未來世代滿足需求之能力的發展。[1]」建築師威廉・麥唐諾表示這個詞應該是「持續性」，而非「永續性」，後者是個難以理解的詞彙。這些定義有其作用，但永續性的概念其實簡單得多。

永續性的意思是「讓這一行能永遠做下去」，不論你從事哪一行。如果你在經營滑雪度假村，那就意味著你必須一面因應氣候變遷，一面以多種方式耕耘你的事業。如果你以養育子女爲職志，讓此工作永遠可行的意思就是確保孩子有乾淨的水、健康的環境來成長，以及賦予財務安全和穩定的氣候等等。

在你開始思考「永續性」代表何種意義的那一刻，你必須考量非常廣泛的問題。不論你從事何種行業，倘若地球出現一絲一毫的毀損，最終都會危害你的事業。全人類的健康會影響你的客人和你的員工。天然資源的不穩定與爭奪戰更會直接威脅獲利。就連世界的貧窮與疾病都會是長期的企業議題。上述種種以往都被認為是不同的挑戰，而需要各個擊破。但迫在眉睫的氣候變遷卻影響並統合了以上全部議題，改變了算式。主跑能源及環境的《經濟學人》（Economist）通訊記者維傑．魏迪斯瓦蘭（Vijay Vaitheeswaran）在其著作《給人民的力量》（Power to the People）中指出：「如果有充分的乾淨能源（這是氣候變遷的根本解決之道），多數環境問題——不僅是空氣污染和全球暖化，還包括化學廢料及回收和缺水的問題——皆可迎刃而解，未來的經濟成長也可穩定持續。[2]」

一言以蔽之，要讓這一行能永遠做下去，你必須阻止氣候變遷。

氣候危機的嚴重性

幸好，目前多數美國人與多數政府領導人都明白氣候變遷不只是自由派一廂情願的說法，而實為人類文明的一大威脅。但儘管詳載真實事件的科學研究數據已高得令人心頭一凜，這個問題的嚴重性仍教人目瞪口呆。

如果我在第一章提及的ＩＰＣＣ報告還不足以讓你如坐針氈，那就聽聽世界頂尖氣候科學家暨美國航太總署（ＮＡＳＡ）哥達德太空研究所主任詹姆士．韓森（James

Hansen）的再三叮嚀：如果我們不採取釜底抽薪的行動，在未來十年降低全球溫室氣體排放，我們的孩子將會活在一個我們完全認不出的星球（他上次說這番話是兩年多前的事了）。他還指出：「我們正處在氣候系統臨界點的邊緣，再過去就沒救了。[3]」氣象頻道的氣候學家海蒂・庫倫（Heidi Cullen）說：「我們知道地球有將近六十七億的人口在排放二十二億噸的碳；按這個速度下去，氣候很快就會變得溫暖得多。[4]」《紐約客》雜誌記者伊莉莎白・柯博特（Elizabeth Kolbert）在其著作《氣候變遷災難採訪筆記》（Field Notes From a Catastrophe）中以這句令人毛骨悚然的話做總結：「一個技術進步的社會竟會選擇自我毀滅，這看來或許匪夷所思，卻是我們目前正在進行之事。[5]」

與普遍錯覺相反的是，氣候變遷代表的絕不僅是特定地區的氣溫將上升幾度——然後在北達科他州造就柑橘林之類的。請記得：昔日氣溫只不過上升攝氏幾度——六度左右——冰河時代便宣告落幕。因此類似程度的暖化也將影響作物生長及人口遷移（如果你認爲卡崔娜颶風引發了難民問題，想想飽受水患之苦的孟加拉吧——人口一億五千萬）。氣候變遷會影響火災發生的頻率和海洋的健康；影響我們取得乾淨的淡水和食物；影響疾病的傳播。在非洲，建於高海拔處、以往不受蚊子侵擾的城鎮，如今已經爆發瘧疾。光是去年，瘧疾就奪走了上百萬個孩童的性命，其中大多數住在非洲，且多數不滿五歲。

正因我們眼前的危機大得難以揣測，現階段的行動計劃已不適用。一如艾爾．高爾（Al Gore）在二〇〇七年夏天指出，有望在二〇〇九年接班的總統候選人，沒有一個針對氣候變遷提出適切得足以解決問題的政見，而且相差甚遠。雖然情況在兩黨正式提名時已有所轉變（巴拉克．歐巴馬辦到了，約翰．麥肯則陷入原始鑽木起火的意識型態），但問題的嚴重性仍然讓人氣餒。

我們必須努力到何種程度呢？羅姆的著作《水深火熱：全球暖化——解決途徑與政治——與我們該做的事》（Hell and High Water: Global Warming—the Solution and the Politics—and What We Should Do）中有精闢的解說。他的分析是以普林斯頓大學教授史帝芬．帕卡拉（Stephen Pacala）和羅伯特．索科洛（Robert Socolow）在《科學》雜誌發表的知名文章爲基礎。他寫道：

> 想像一下，如果下一任總統與美國國會和世界主要已開發及開發中國家聯手推動積極的「五十年」方案，部署當前最好及最新的能源科技。想像一下，

從二〇一〇年到二〇六〇年，世界會完成下列驚人的轉變：

一、我們將在全國及全球複製加州的成效式節能計劃與住家及商業建築法。從一九七六年至二〇〇五年，加州的人均耗電量始終維持不變，美國其他地方則成長百分之六十。

二、我們將大幅提升產業及發電的效能——並運用現今兩倍以上的廢熱發電（亦同時發熱）。目前美國發電過程損失的廢熱，比日本用於所有用途的能源還多。

三、我們將打造百萬座大型風力渦輪機（是目前能量的五十倍）或等量的其他再生能源，如太陽能。

四、我們將吸收八百座預定建立的大型火力發電廠（二〇〇〇年的五分之四）的二氧化碳，並將之永遠儲存在地下。二氧化碳流入地下的量相當於今天石油冒出地表的量。

五、我們將維持現有核能發電廠的運作，並另外興建七百座大型核電廠（目前能量的兩倍）。

六、隨著路上汽車和輕型卡車的數量將成長至二十億以上，即現有的三倍強，我們將平均燃油效能標準提升至每加侖六十哩（美國現行標準平均的三倍），而不增加每部車行走的里程數。

七、我們將在這二十億部汽車上應用先進的油電混合技術，使其在靠電力行駛一段短距離後，便能轉成以生質燃料馳騁了。我們運用世界十二分之一的農田種植生質燃料所需的高效益能源作物。我們將另外打造五十萬座大型風力渦輪機，專門爲這些先進的油電混合車提供電力。

八、我們將停止一切熱帶雨林的砍伐，並將植樹率提高一倍以上。

如果我們順利完成上述八項非同小可的成就，讓未來五十年的全球二氧化碳排放凍結在二〇一〇年的標準，然後以某種方式讓碳排放從二〇六一年開始銳減，我們將能讓二氧化碳濃度穩定維持在百萬分之五五〇左右。這種情況下，氣溫仍會在本世紀穩定上升個攝氏一點五度，二一〇〇年後也會繼續暖化。格陵蘭的冰山可能還是會融化，造成海平面上升二十呎——但我們已大幅減緩這個過程，也或許能夠避免最糟的上升情況：四十至八十呎，甚至更高（假設我們也採取了強有力的政策來限制甲烷及所有其他溫室氣體的排放）[6]。

羅姆描述的每一項工作都是十分浩大的工程。讓我們花幾分鐘一觀核能發電和碳隔離的情形——這是我們在執行其中一、兩項解決方案時，勢將面臨的艱鉅挑戰。

既然美國是世界第二大的溫室氣體排放國，羅姆建議全球新建七百座核能電廠，我們自然該擔下大部分的責任。強・哥特納（Jon Gertner）在《紐約時報雜誌》報導，除非有誰馬上著手興建新的核能電廠，否則美國的核能電力「將在十五至二十年後消失，因爲現有的核能電廠將逐一喪失營運許可，吹熄燈號。核能這種能量來源將在二〇五〇年左右絕跡。」[7] 這是因爲自一九七八年起，就沒有任何一座新核能電廠獲准興建，而一座核能電廠的壽命大約是五十年。若要取代美國現有的一百零四座年華老去的電廠，未來四十年每四到五個月就得建造一座反應爐。但這些電廠光是要取得建造許可就得耗上好幾年。另外，要保持現有電廠全部運作健全，就得花上數百億美元的經費，更別說再蓋新的了。而我們甚至尚未舉出以下事實：核能發電正面臨政治及可保性（insurability）的阻礙；有成本大幅超出預算和停工的歷史；幾乎所有營造成本都仰賴政府補助；是恐怖份子的目標，也造成似乎無法解決的核廢料問題；最後，如果缺乏巨額政府補貼來讓納稅人蒙受大災難的風險，核能電廠根本活不下去。

羅姆主張的每一項必要行動都可能引發類似這種「滯礙難行」的爭論。比如碳隔離（將二氧化碳貯存於地下）是這項計劃的關鍵所在，但此技術尚未現世。澳洲科學家提姆・富蘭納瑞（Tim Flannery）在著作《是你製造了天氣：全球暖化危機》（The Weather Maker）中解釋道，若要把我們在地球製造的二氧化碳通通隔離起來，未來一、兩個世紀我們必須每天注入十二立方哩的二氧化碳（將二氧化碳壓縮成液態，以存放至地表深處，即地質隔離技術（Geosequestration）要做的事。這麼一來，二氧化碳的量就會縮小許多，但仍相當龐大」[8]。而就算我們順利完成羅姆列出的每一件事，我們也只是讓大氣中的二氧化碳穩定下來，而這表示天氣仍會愈來愈熱！

平心而論，上述遏止氣候變遷的對策之中，有些似乎極爲合理。例如《科學人》（Scientific American）在二〇〇七年冬季刊登了一篇文章，表明美國可以如何在二〇五〇年前用太陽能面板供應百分之六十九的電力與百分之三十五的總動力。要達到這個數字，美國政府需在二〇五〇年前補貼四千兩百億美元。既然我們每年都在伊拉克身上花兩千億，也給華爾街七千億的聯邦緊急援助金，四千兩百億這個數字看來頗爲便宜[9]。

鑒於氣候問題的嚴重性和解決方案的多元性，我們必須花點時間釐清哪些行動是有意義的。現在，許多精力皆白白浪費在讓人們感覺爽快、卻沒抓到重點的行動上。重點很簡單，也極具企圖心：我們必須徹底減少碳排放。

我不知道接過多少通類似這樣的電話：

「嗨，請問是環境部嗎？」

「是的。有什麼需要幫忙的地方？」

「噢，太好了。我想問你有關季票的事情。那有辦法回收嗎？」

我們的季票是信用卡大小的塑膠片。或者有時來電者會說：「你們可以用玉米做那個嗎？」

我的回應有時會激怒來電者。「如果你只把焦點放在季票上，你這是坐井觀天。事實上，只注意這些微小而不相干的事情，你好比管中窺豹，會對環境運動構成不小傷害。因爲你根本沒認清重點在哪裡。」

也有人會把我拉到一邊，說：「嘿，我今天回收了一個鋁罐喔！」——好把我惹毛。這很有效。

作家及前麻省理工學院語言學教授諾曼・喬姆斯基（Noam Chomsky）曾談到有獨裁傾向的政府爲什麼鍾愛能吸引大量觀眾的運動——因爲那可以分散民眾的注意力而忽略眞正重要的事情。如果你深入研究丹佛野馬隊（Denver Broncos，編按，職業美式足球隊）的數據，或許就不會注意政府正在——比如外交事務方面——搞什麼名堂了。

在愛斯本，一家當地非營利組織近來大力推動一個「消滅雜貨店塑膠袋」的運動。嗯……兩極冰山正在融化，美國中西部在二〇〇八年春天經歷與二十年氣候變遷難脫干係的水患；丹佛遭逢史上最嚴重的乾旱，二〇〇八年七月的降雨只有三英吋；科羅拉多格蘭姜欽市就要打破連日氣溫超過華氏九十度（約攝氏三十二度）的紀錄了，而我們還停留在禁用塑膠袋的階段。套一句網球名將約翰·馬克安諾（John McEnroe）的話：「你一定是在跟我開玩笑吧！」

說到環境議題，人們很自然會把焦點擺在有形、可行的事情上，例如回收。但這個焦點已成爲完成眞正要務的一大障礙。我們似乎欲罷不能。

然而氣候戰爭可不是回收季票或改用帆布袋就能贏。也不是蓋不用電的房子、開以薯條油脂爲動力的車、或是安裝住宅太陽光電系統就勝券在握。這些印象不是毫不相干，但只是整張拼圖非常小的一片——除非世界每個人、每個角落都這麼做，而不只是在少數富裕而文明的小角落。

錢尼是對的

前副總統迪克・錢尼（Dick Cheney）稱這類個人環保措施爲「個人美德」，而非全國能源政策。他也指出，安裝省電燈泡或許感覺不錯，但那不會替蒙大拿人或紐約人保暖，也不會阻止冰山融化。因此，雖然心中百般不願，我還是得說：錢尼是對的。

能認清氣候變遷的規模並予以反擊的行動，才是有意義的行動。要心態積極的個人改開Prius油電混合車、安裝太陽能光電板或更換老舊冰箱，是解決不了氣候變遷的。光靠這些好人是不夠的，況且他們能夠採取的行動，就算每一項的成效都發揮到極致，對最終的結果亦無足輕重。這不是說我們不該採取這些行動。它們很重要，只是我們不能以此爲滿足。除非這些個人行動能透過政策法令在全球各地發生，否則我們也只是從鐵達尼號救一支茶匙罷了。你個人能做些什麼來減少碳排放並沒那麼重要；更要緊的是如何讓地球上的每一個人都做你在做的事。這兩個行動都極具意義，但較大的視界比較重要，也應該是我們的首要焦點。

可惜，我們很多人都將個人措施視爲終點。最近我收到一封批評愛斯本滑雪公司環保工作的電子郵件，它這麼寫著：「希望你們接受我的批評，就當它是個熱情的提醒：

我們很多人讓車子有四分之三的時間停在車庫、向支持農業的社群購買產品、盡可能重新利用每一樣東西、只在必要時開冰箱、冬天也始終讓省電輻射暖氣系統維持在華氏六十二度（約攝氏十六度）……」

這封郵件在兩方面讓我不安。首先，它帶著自以爲是的味道——對這位小姐感到厭煩的人，可能比她說服的人還多。再者，她的語氣還傳達了一種觀念：人只要獨善其身，就可以不必理會更廣泛的行動。更可怕的是這封信顯示一般民眾完全不了解問題的嚴重性。雖然氣候戰爭的目的急待釐清，但絕大多數的美國人口，以及環保團體中的諸多人士，似乎仍將成敗寄託於個人行動上。

這點在下面這個日常話題之中展露無遺：多年來休旅車的妖魔化——本意良善的「環境保護論者」一直鼓吹的觀念——就是井蛙之見傷害遠大目標的例證。我們值得深入探究這個現象，以便了解我們爲何需要一個全新、更全面性的焦點。

休旅車不是惡魔

憎恨休旅車和其駕駛的心態已經流行好一陣子了。環保團體鼓勵突擊隊把「我在改變氣候，問我怎麼做」的貼紙貼在那些大型「違規車輛」的保險桿上。一個名喚「空洞地球」（Earth on Empty）、以麻薩諸塞州索馬維爾爲大本營的團體正四處以「不注意自身舉止」及其他罪行爲名，對休旅車大開罰單；山岳協會（Sierra Club）則在給福特Excursion取了「瓦拉茲」的綽號之後〔譯註，指埃克森・瓦拉茲號（Exxon Valdez）油輪。它於一九八九年在美國阿拉斯加外海觸礁，超過三萬噸的原油漏至海中〕，一手涉入福特公司的決策，把那頭怪獸打入地牢（它於一場測試中，每加侖汽油只能在市內跑三點七英哩也是關鍵）。幾年前，石原農場優酪（Stonyfield Farm Yogurt）還參與公共廣播電台《聊車》（Car Talk）節目發起的活動：在休旅車保險桿上貼「活得寬廣些，車開小一點，不是每個人都需要休旅車」的貼紙。全美各地，休旅車在環保黑名單上的排名已經超越DDT和大水壩。宗教團體甚至發動WWJD：「耶穌會開什麼車？」（What Would Jesus Drive?）運動。

人們對休旅車的成見其來有自。由於每一加侖的汽油燃燒後會排放二十磅的二氧化碳，耗油的休旅車自然成爲地球暖化的禍首。燃油效能每提升五哩／每加侖，一部車終其一生就能減少十公噸的碳排放。

姑且不論地球暖化，休旅車也比一般小客車多吐出百分之三十的一氧化碳和碳氫化合物，以及百分之七十五的二氧化氫。這些污染物是煙霧的前身，還會引發氣喘及其他疾病。假如休旅車的燃油效能和一般小客車相同，我們每天能省下一百萬桶的石油。相關罪狀罄竹難書。

但儘管反休旅車的事由充分，與之抗戰或許是環保團體的失策。

首先，大部分開休旅車的人，或許都自認熱愛戶外生活。這跟選擇四輪傳動車有異曲同工之妙。而熱愛戶外生活者，通常也具有環保意識。對這個族群大加責難簡直是在疏遠同志。你在八十號州際公路上或許不喜歡跟在休旅車後頭，但那名駕駛在他的社區裡說不定會投票贊成法定空地、支持野生地法案，甚至捐錢給山岳協會。再督促一下，他或許會支持更積極的環保措施。但如果你鬼鬼祟祟地在人家的保險桿貼上氣候變遷的貼紙，就已經把他們激化了。現在他們討厭「環保人士」，而開始以其他身分來界定自己。

這再次證明環保人士不該採取「讓你的鄰居明白他們有多壞」的途徑。這會讓人分心。業界和政府都熱愛具教育意義的「做對的事」方案。這種做法等於把責任推給大眾，讓汽車製造業者繼續做這門生意，依然故我——因為他們知道擁戴休旅車的勢力比其他任何運動都來得大。而趁我們叱責友人怎麼可以把鋁罐扔進垃圾桶的時候（或是抗議冬天時愛斯本市中心所設置的戶外火爐，這主意爛透了，但對它耿耿於懷也是弄錯焦點），政府便可爲所欲爲——反對戰爭、阻止行動、折磨民衆。

這就是諾曼・喬姆斯基在說獨裁政府鍾愛觀賞類運動的時候，想要表達的意思。這類運動會讓大衆忽略眞正要緊的事，他們的眼睛不會去注意政府在做什麼。小布希在兩任總統任內傾全力支持大衆把焦點擺在人人可自願去做的雞毛蒜皮之事（他也再三強調這種做法的重要性），因爲這能卸下他身上的壓力：民衆無暇督促他採取更廣泛的政策行動。

反休旅車運動已經分裂且瓦解了兩個團體：環保人士及休旅車駕駛。人們開休旅車不是因爲他們是壞蛋，而是因爲坊間沒有其他價格相對便宜且燃油效能更好的車種能提供同等的安全、便利、性能和舒適。人們並不想回家跟孩子們說：「我今天大大地破壞了地球。」正常的情況下，人們會想做好事，但如果別無選擇，他們也只能以常識做決定。而既然他們開了休旅車，許多本意良善的人都覺得不能再自詡爲「環保人士」，因爲那很虛僞。但這其實不是他們的錯——他們是爲產業和政府所迫，才處於這個尷尬的處境。

這就是環保團體該集中精神、發動眞正變革的地方。乍看之下，環保人士和休旅車駕駛或許勢如羊與狼，但就連這兩種敵對的動物也有若干共識：他們都需要乾淨的空氣和水、健康的小孩、穩定的氣候和美麗的風景。

我們不能這樣疏離一整個團體，畢竟問題不在他們的個人選擇，而是我們這個國家要製造哪些種類的車輛。這不是你、我、或那些足球媽媽（Soccer Mom，編按，指住在市郊的中產階級職業婦女，重視孩子的教育，多半開著休旅車載孩子參與課外活動）的問題，而是我們大家一起要爲自己和孩子要求什麼樣的車子，和什麼樣的未來。

沒錯，我們是該鼓勵人們不要買休旅車——如果這樣不會讓他們變成電台名嘴勞許．林鮑（Rush Limbaugh）的忠實聽眾的話。消費者的選擇固然會傳送訊息給業界，但既然氣候政策必須打持久戰，而長期抗戰需要眾人支持，我們不能冒險排擠一群本應爲同志的夥伴。

啓蒙的機會

人們會把焦點放在回收汽水罐之類的有形個人行動，部分是因爲氣候問題的嚴重性大得讓知情者簡直想乾脆放棄。減少百分之九十的二氧化碳排放是什麼意思呢？很難想像世界會變成何種面貌。因此，解決氣候問題的關鍵就在於態度了。我們要如何把氣候變遷想成一件賦予我們權力，而非嚇得我們屁滾尿流的事情呢？

首先，我們不要把這個難題當成世界末日。氣候變遷不是世界末日，更重要的是，美國尤其不可被「天要塌下來了」的情節激化，就算眞有其事。我們不該這麼以爲，因爲史證歷歷，人類一直能憑技術或運氣克服預言（如人口過剩、千禧蟲和臭氧層破損等）。何況還有一點極不確定，我們無從想像諸如此類的挑戰是大是小。黑死病奪走歐洲三分之一的人命，但那是一三四八年的事；我們未曾經歷過眞正的浩劫，也沒有這種「社會記憶」（social memory）。

我們可以用另一種方式看待氣候變遷：一個規模宛如啓蒙運動或文藝復興的機會，一個絕無僅有、能永遠徹底改變社會面貌的機會。我們絕對有能力進行如此大規模的社會革新，因爲我們曾經做過。

當歐洲逐漸掙脫黑暗時代，它告別了一個充滿非理性迷信的時期——神話，而非理智支配了人類的生活；恐懼，而非樂觀，是那段日子的運行原則——進入理智與理性的年代。啓蒙運動造成不小創傷，但最後它改善了人類生活的每一個層面，從醫學到法律、科學到政治。一如啓蒙運動，對付氣候問題也將需要上百年的時間，並全面動員社會的智慧資源、財力、習慣、願景、政府和技術。

在一個以乾淨能源高效率運作的星球（也就是已經解決氣候問題的世界），現有的污染將消失大半，許多解決其他疑難雜症——貧窮、飢餓、乾淨水源取得（或者就是水）、疾病——的障礙也將大幅縮小。世上不再有爭奪油、水等稀有資源的必要，戰爭也較不容易發生。諸多與現代能源的製造和使用有關的健康危機——我們血液中的汞、摧毀湖泊森林的酸、我們肺裡的油煙、城市裡的毒霧——都將消失。當採礦、鑽探和砍伐等行爲被更乾淨、較無壓力的可再生選擇所取代，我們財富所繫的自然環境將能再現生機、欣欣向榮。

當遭遇一段特別難行的河段，激流艇手會先探勘路線、從河岸檢視所有障礙，規劃一條安全路線來穿越岩石、洞穴和澎湃的浪。然而，在某些時間點，多數划船的人會厭倦探勘的動作；他們急著迎接挑戰，於是上船就走。

我們已經偵察氣候問題偵察到快沒命了。是的，這工程浩大得令我們膽寒。但這是千載難逢的機會，或許是一個物種的機會。一如啓蒙運動的領導者無不自視爲勇敢、能幹、可寄予厚望的人物，美國人也樂意正面迎戰氣候變遷——就從現在起。因爲對抗氣候變遷，以及一切我們必須針對能源進行的相關工作，都是爲了我們下半輩子的晚餐著想，我們或許該細細品味——甚至享受——這場戰爭。

解決氣候變遷就像挑戰顛峰時期的拳王阿里

好……可是……親愛的主！我們該怎麼做？我們也想努力解決問題，但它的前景令人怯步。這就好比你獲邀上場和顛峰時期的拳王阿里對打十五回合。你的反應一定是：「不用了，謝謝。」但面對氣候變遷，你別無選擇——有人拿槍抵著你的腦袋，你非戰不可。所以你該怎麼辦？一個選擇是畏畏縮縮進入護欄裡，讓阿里打到你頭破血流而亡。但你還有另一個途徑：大膽一試。你大可迂迴、跳躍、擺動、閃躲——揮出你最好的一擊，說不定會有些樂趣。假裝你懂一點拳擊。說不定那傢伙自稱「能讓磚塊住院」只是吹牛。畢竟你別無選擇。你還是會被海扁一頓，但這至少有些趣味。至少會有人祈禱你福星高照，把他擊倒。

我們與氣候變遷就處於這種情況。那不只是我們這個時代的一個情節，而是——套用一句美國廣播公司記者比爾．布萊克摩（Bill Blakemore）的話——「這是唯一的情節。」[10] 以往有其他意義的字眼，如「環境保護論」、「政府」、「親職」、「公民權」和「宗教信仰」，現在就跟「永續性」和「事業」一樣，意味著對抗氣候變遷了。

我有個四歲大的女兒名叫薇拉。以往在公開演說時，我常把她的照片投影在螢幕上，說氣候變遷終將成爲她的問題。但這一、兩年來，我已經了解這一點都不是她的問題。問題不是她造成的，而到她長得夠大，可以動手解決問題的時候，早就來不及了。那主要是因爲我們今天所做的決策——建造生命週期五十年以上、專門排放碳的煤炭廠，以及生命週期一百年的不節能建築——更別說我們制訂的政府決策，都禍延子孫。這不是薇拉的問題，是我們的。

這個事實讓人氣餒，卻又鼓舞人心。鼓舞人心的地方在於，就像泛舟和考試一樣，有時知道準備時間終了反而落得輕鬆——反正做就對了。

我一直在催促某公用事業局的首長多多改用再生能源，最近他總算同意我們必須前進，但堅持該慢慢來。我必須再三強調《紐約時報》記者湯姆·弗萊曼（Tom Friedman）的一句話：「這不是你爸媽的能源危機。[11]」綜觀人類歷史（二次世界大戰是個可議的例外），審慎、勤勉和循序漸進已爲我們解決絕大多數的問題，但現在那起不了作用了。誠如KPCB創投公司（Kleiner, Perkins, Caufield & Byers）的創辦人尤金·克萊納（Eugene Kleiner）常掛在嘴邊的：「有時恐慌才是適當的反應。」讓我把話講清楚。上路的時間到了。我們不能做膽小的行動者，我們必須是直接殺入戰場的維京海盜，而這是會受傷的。

最重要的事

作家保羅・郝肯（Paul Hawken）在被問及對於我們抗衡氣候危機的能力感到樂觀或悲觀時，回答得很妙。他說，如果你看過研究當今全球環境現象的科學資料而不感到悲觀，那你的資料一定是錯的。但如果你見過世界各地致力處理這些議題的一些朋友而不感到樂觀，那你就太鐵石心腸了。

以往我會在名片背面引用何內・杜波（Rene Dubos）的一句話：「趨勢不是命運。」博學多才的杜波是法裔美籍微生物學家、實驗病理學家、人類學家和普立茲獎得主，也是「全球思考，在地行動」（Think globally, act locally.）這句名言的創造者。杜波大半輩子都奉獻給疾病研究，以及影響人類福祉的環境和社會因素分析。他協助發現了重要的抗生素，並在結核病、肺炎和免疫學等領域有突破性的研究。

他生性樂觀，主張人類和自然具有迅速恢復力，會逐漸了解環境問題，也會有更強的能力來解決這些問題。「趨勢不是命運」一語完全反映了杜波的個性和天命。這是一句隱含無窮希望的聲明。

然而，就現況而言，這希望或許太大了些。氣候變遷無時無刻不在發生——無處得以倖免。就算今天我們完全停止排放二氧化碳，我們過去的所做所爲仍會讓氣溫上升個一兩度。所以我明白我需要一句新的引言。一句能讓人們明白身體力行的必要，給人們勇氣的話。

最後我引用了查爾斯．布考斯基（Charles Bukowski）的一行詩。他是一名詩人兼郵差、酒鬼和作家，他大膽、寫實的作品廣受歡迎，但從未爲主流接受。我有一張他的照片，照片中他正一邊抽煙、一邊喝酒。他嗜杯中物，也愛打架。他這行有名的詩句——現在我已經印在名片背面——是這麼寫的：「最要緊的是你赴湯蹈火的功力。[12]」

註釋

1. 聯合國世界環境與發展委員會，一九八七年，第八頁。
2. 魏迪斯瓦蘭，二〇〇三年，第三頁。
3. 韓森，二〇〇八年。
4. 由皮爾森所引用，二〇〇六年，第九十三頁。
5. 柯博特，《氣候變遷災難採訪筆記》，二〇〇六年，第一百八十九頁。

6. 羅姆，二〇〇七年，第六十三頁。
7. 哥特納，二〇〇六年，第四十一頁。
8. 富蘭納瑞，二〇〇五年，第二百五十四頁。
9. 齊威博（Zweibel）、梅森（Mason）和弗登卡基斯（Fthenakis），二〇〇七年。
10. 私人對話，二〇〇六年春。
11. 布萊克（Braiker），二〇〇六年。
12. 布考斯基，二〇〇〇年。

第三章 永續經營：先切好再上菜

「唯有我一人逃脫來給你報信。」

——《約伯記》（Job）第一章第十五節至十九節

你不會想到永續性革命會在科羅拉多州愛斯本市的小尼爾飯店這種地方展開。尼爾是美國暴飲暴食的重鎮，以及奢華的搖籃。它有九十個房間，定價從五百到五千美元不等。該飯店的標語是：「坐落愛斯本山腳，小尼爾結合了鄉村客棧的美德和豪華酒店的放縱。」從以下事實可知這兒的服務有多精緻：美國有八十四名頂級品酒師，其中九名在科羅拉多，而尼爾擁有其二。其他飯店視為無理的房客要求，在這兒是家常便飯。房客常付三十美元給員工，請員工在他們外出時陪他們的寵物。不是帶出去遛一遛喔——這要另外付費。不久前，一架私人飛機降落愛斯本。艙門打開，樓梯放下，一隻獅子狗走了下來。牠被牠的主人遺忘了。那位主人住在哪裡呢？你猜到了。還有一位「紳士」因為沒拿到他點的兩片薄煎餅便怒不可抑、大吵大鬧。一位女士給門房兩百美元，外加一百美元小費，要他在復活節前晚十點幫她女兒買籃子，因為她忘了。還有一個知名家族的後裔大發雷霆，因為他的英式鬆餅沒有先切好。

你可以說尼爾是富裕、廢物、欠缺效率和墮落的範例。因此就某個意義而言，它和永續經營南轅北轍。地球要能永續發展，或許最好能擺脫尼爾這種鋪張浪費的地方。但同時，我們卻沒有一揮就能讓尼爾消失的魔杖。你的底線該畫在哪裡也不明確。我們該拋棄尼爾、留下六號汽車旅館嗎？或者六號汽車旅館比起墨西哥市和巴格達市郊的貧民窟還豪華？不可抹煞的事實是，你每在全球經濟體消費一美元，其中便有幾角幾分會製造改變氣候的碳排放。因此，精挑細選哪些產業可被接受，哪些不被接受，無益於解決氣候問題。我們必須做整體性的修正——以至於在你滑雪、造訪尼爾或開車上班之際，你對地球造成的衝擊將比今天少得多。

假設我們必須調整一切產業和整體經濟——不管那看來有多荒謬——並認清大氣並不在乎溫室氣體污染來自何方，尼爾遂成爲我們這行所謂的「多目標環境」（target-rich environment）。那是因爲傳統上提供最好的服務就等於向客人投注大量能源。如此一來，在尼爾節省能源就像甕中捉鱉。因此，愛斯本滑雪公司決定在此展開其永續經營工作。儘管——或是因爲——你在這裡仍買得到一瓶一萬美元的葡萄酒。

從智庫到車庫

我剛到愛斯本滑雪公司時，我才揮別非營利組織，在洛磯山研究中心（Rocky Mountain Institute, RMI）受完永續經營教育。ＲＭＩ是永續經營領域數一數二的智庫，如果要我舉出在那裡學到最重要的事，那便是「節能是一石二鳥之計——對盈虧及環境皆有益。」我也學到「在商言商」。如果你給他們絕佳的投資報酬率（ＲＯＩ）——百分之三十以上——他們便會樂意去做。在我離開的時候，我牢記著中心創辦人艾摩里・洛文斯（Amory Lovins）的一句話：他說更新照明——提供更好的光線、節省能源且具環保效益——「不只是免費的午餐，而是你吃了還有錢拿的午餐。」[1] 這在當時及現在都是無可非議的主張，艾摩里也無疑是「如何解決氣候問題」這個主題最重要的思想家之一。

到愛斯本上班第一天，我和穿得非常體面的尼爾總經理艾瑞克・寇德隆（Eric Calderon）碰面。「我們要做以下事情，」我說：「我們要把你九十間客房的每一盞燈泡都換成節能日光燈。」我選擇以更新照明開頭，是因爲那可說是永續運動的輔助輪：向來有利可圖、通常看得到進步，也相對簡單明瞭。我繼續說：「它們的壽命是原來的十倍，所以新燈泡的成本其實比較低，員工也不用花那麼多時間更換。能源用量可因此降低百分之七十五，我們不用一年即可回本。而最棒的是，它對環境有益，每年能減少好幾噸的二氧化碳（最主要的溫室氣體）排放。」

艾瑞克說：「不，我們不要這麼做。」

我迷惑了。我以爲商人不會拒絕增進報酬的機會。不到一年回本，相當於投資報酬率超過百分之百。他回說他不希望客人進入昂貴的五星級房間時，迎接他們的是會令人想起手術時或清潔工具間的日光燈。他不希望燈閃了老半天才亮，不想要感覺冰冷，還不時嗡嗡作響的藍光。

他說：「你去拉斯維加斯住六號汽車旅館，他們會用節能日光燈。但尼爾不是六號汽車旅館。」

你猜怎麼著？艾瑞克是對的。他是一個堂堂正正而極富幽默感的傢伙。他明白保護環境的必要（十年後，艾瑞克現爲加州奧百吉度假中心的副總裁，且甫委託專人全面審核旗下所有飯店的能源消耗）。我跟他交情匪淺，但他也是美國頂級奢華飯店的經營者，有份內工作必須執行。如果危及他的產品，他會丟掉飯碗，然後便更沒有能力來節省能源了。

事實上，在我向艾瑞克建議更換照明時，多數製造商皆以日光燈泡來解決那些老問題，但艾瑞克有美學上的考量，而且是以不久前的技術爲根據。我以爲我提出的是一個省錢的機會，但對艾瑞克來說，它也是一個虧錢的機會，因爲它威脅了他以往用來創造收入的工具——他時髦的房間。

艾瑞克不希望日光燈出現在他的飯店，還有一個理由。

每年，都會有一位神祕嘉賓來到尼爾。那位嘉賓是埃克森美孚的五星級飯店（或

ＡＡＡ五鑽級）稽核員。他或她會在餐廳用膳、品酒、和品酒師們聊天，或許會請侍者去同一條街的小歐利餐廳買點中華料理。這位嘉賓在評量服務品質、床單的針數、枕頭的巧克力，以及——據艾瑞克表示——燈光的品質。「如果稽核員看到我們房裡有節能日光燈，他會把我們降成四星級。」在五星級飯店的世界，那不只是不好的東西——而是世界末日。

同樣地，我們不能責怪艾瑞克有此顧慮。但多數環保人士如此。於是，他們失去了一個潛在的盟友，也把一個好人趕出他們的事業。我打電話給埃克森美孚和ＡＡＡ；他們都告訴我，他們的評分制度中沒有哪項會因節能照明而降飯店的等級。但那不是重點。重點是，如有可能讓稽核員在潛意識裡覺得你品質欠佳，就是高得難以承受的風險。多繳點錢買能源固然不幸；失去五顆星評等，你的事業就玩完了。

至於我怎麼解決呢？非營利組織或永續經營顧問——企圖從大綠能願景牟利者——絕對不會教你這種辦法：我接受失敗，放棄了。

我告訴艾瑞克我了解他的顧慮，我也不會再建議更換房間照明。反之，我走下樓梯，進入漆黑一團、占地兩層樓的停車場。

拆毀簡易烤箱

有一種兒童玩具叫簡易烤箱；如果你年紀三十歲以上，你或許記得它叫貝蒂・克洛（Betty Crocker）烤箱。這個裝置是用燈泡來加熱小型的派或麵包的。小時候的我總是覺得奇怪，這種烤箱怎麼會用燈泡做爲熱源，燈泡不是用來發光的嗎？烤箱的目的是烹調食物，不是把它照亮啊。但事實是這樣的：燈泡是剛好會發光的小型加熱器。而且它是以非常迂迴的方式運作：加高熱於鎢絲，使之熱得發亮。用小型加熱器提供光線就像是用一堆電腦爲你家客廳供應暖氣一樣——有效歸有效，但也太笨了吧！

小尼爾飯店停車場一百七十五瓦的燈泡，就是你會在高中體育館見到的那種啤酒桶型的燈泡——需要半小時「暖身」（因此需要請「體育館管理員」每天一早先來開燈）、成天嗡嗡叫、不到中午就會把體育館變成三溫暖。然而尼爾停車場的照明設備和高中場館燈光不同的地方在於，那一百一十盞燈泡是一直亮著的。

這些燈光造成數千美元的年度開銷和數十萬磅的溫室氣體排放。事實證明我們可以用直管日光燈取代這些耗能的「簡易烤箱」燈泡，而省下約兩萬美元的成本。算式如下：在花了第一筆安裝費用後，我們每年可以省下一萬美元的電費，因爲新燈泡和安定器可以替每一組裝置省下近半的瓦特數。同樣優異的是，全新T8型燈泡的壽命是舊型燈泡的兩倍，價錢則比舊型便宜十分之一。維修同仁不必花那麼多時間更換燈泡（多出來的時間便可照應顧客的需求、修馬桶和安排照顧顧客的寵物），飯店也不必花那麼多錢替換昂貴的燈泡。同時，光線的品質也較優良。

一蒐集好所有資料，我便帶著我的提案回去找艾瑞克。我說我不考慮房間了，但何不從停車場著手呢？

他怎麼回答？

「不了。」

我提出的是一項投資報酬率百分之五十、兩年回本的計劃——那種我以爲商人一定不會拒絕的生意。況且這個方案不會影響顧客，因爲所有車輛都是服務員泊車的。事實上，它應該是有正面貢獻的，因爲它能讓維修同仁輕鬆一點、爲泊車服務員提供更好的光線——他們讓高檔汽車擦撞水泥柱的經驗可豐富的呢（飯店其實已經多包了一層毯子來避免昂貴的修理費了）。艾瑞克究竟爲什麼要拒絕呢？

他的理由在任何探討永續經營的書籍或啓發靈感的演說中都找不到。艾瑞克指出，他是藉著銷售產品來賺錢的。他的產品就是絢麗的飯店。如果預算多出兩萬美元，他會把錢花在針數更高的床單、更精緻的皮革家具，或改善價值百萬的貯酒設備或衛浴。他不會把這有限的資本花在顧客看不見的地方。還有一個背景不同而道理類似的例子：在我們的一座山莊，物業服務主任彼得・霍夫曼（Peter Hoffman）需要修理一塊漏水的屋頂。成本——光是修理漏水，而不是做任何別致或環保的東西——就高達四萬美元。當時的山莊經理說：「媽的，四萬塊可以開一條步道了。花一千塊把它修好，然後我要開步道。」

艾瑞克一直教育我所謂「現實世界」的觀念。但他其實和我同樣關心環境議題。我一直在與兩個議題搏鬥：思考模式和可利用資本。飯店經理不認爲他們可以靠節約來賺錢——賺錢要靠銷售。但事實上，賣出一個房間的飯店，只能賺取那筆銷售額的某個部分；其他部分則被經常開銷吃掉了——維修、水電、人事等等。相較之下，百分之百的能源節約卻能直接反映在帳本底線上，並逐年孳息，直到永遠。在許多方面，節約都是飯店——或任何企業——更好的賺錢之道。但五星級飯店很難以此著眼（「我們的產品極盡奢華……又節能減碳」的雜誌廣告看來不倫不類）。

要如何推廣新的思考模式只是問題的一部分。我也在和另一個現實世界的顧慮奮戰：缺乏可利用的資本。這是個向來遭到忽視的問題。如果沒錢，世上所有綠能哲學根本毫無意義。這也是尼爾面臨的情況。

因爲我瞭解艾瑞克的立場，也沒辦法變出錢來，只好把議題帶往高級管理階層，希望在他們了解更換照明的商業價值後，能爲飯店覓得財源。

證明節能：約翰．諾頓與腳踏車起動的燈光

一位高級主管對此構想的直接反應是：「我不相信那種燈管可以省錢。」

「請等一下，」我說。「這是有事實根據的。我有工程估價，算得出這個構想能節省多少經費。」

「我不在乎，」他回答。「我還是不信。」

「可是《財星》（Fortune）全球五百大企業都在做類似的節能工作。」

「我不在乎。你說這能節省能源，證明給我看。」這位主管說明了他的顧慮：我們這是依據假設性的報酬率投入資本，而沒有任何眞正的機會來回頭檢視實質報酬率。而那些資金大可用在已證實有百分之百投資報酬率的計劃，或非做不可的案子，如修理會漏水的屋頂等。這是符合邏輯的，絕非蓄意阻撓。

所以下一場會議，我帶了兩樣東西去給公司的資深副總裁、財務長、營運長和執行

長看——一支瓦特計，和一輛腳踏車。

那支瓦特計是用旋轉電表計量燈泡所用的能源，就跟你家的電力計一樣。當我把一盞標準白熱燈泡放進儀器中，指針轉得飛快，還發出蜂鳴聲。接著我切換開關，起動一盞節能日光燈泡。指針明顯慢了下來。事實上，相形之下，它簡直跟沒在動一樣。

趁這個時機，我請公司營運長，體格健壯的前陸戰隊員約翰・諾頓（John Norton）上腳踏車。腳踏車連接著一排燈泡。我可以使用開關讓它起動四盞白熱燈泡或四盞節能日光燈泡。諾頓熱愛輕艇、滑雪且以環保爲終身職志，目前住在白頭山一棟非常節能的房子，他答應了我的請求，興致高昂地跳上腳踏車。起動白熱燈泡時，他費力得開始冒汗。我任他踩了好一會兒，幸災樂禍，讓他在高階管理團隊面前使勁掙扎（雖然他會否認）。最後，我拉上開關，把他產生的動力轉給節能日光燈泡。他開始踩得不費吹灰之力了。顯然，節能燈泡需要的能源少得多。

然後我使出殺手鐧：我已經把更新燈泡的構想送交當地一家專司節能事業的非營利組織。該組織有一筆資金可用以支持減少溫室氣體排放的計劃。我們的計劃利潤豐厚——如果執行順利，往後每年都可減少三十萬磅的二氧化碳排放——因此這個組織同意撥出五千美元的補助金支持這項計劃。現在，我一邊揮舞一張支票，一邊告訴這群高級主管，如果我們做這個，投資報酬率可達百分之七十五！

有人說：「我還是不相信能省多少錢。我想親眼看到帳單金額隨著燈泡換新而銳減。」這種論點當然合理，但以下也是事實：懷疑燈泡節能效果的人，多半信仰上帝。要人相信照明設備可以節能，有時比要人相信超自然力量需要更大的轉念，由此可知節約能源是多麼困難的一件事。

這裡的麻煩在於所有疑問都是合情合理的。我也不是在跟破壞生態者打交道。這些都是聰明、親切、憂心忡忡而具有環保意識的人士。但即便是在我們這樣的公司，也很難不顧這個事實：在任何公司行號，唯一一件重要的事情便是帳單金額減少（或是利潤增加）。而那不是邪惡的事——那是公司的本質。公司不是爲了保護世界而生。

不幸的是，證明節能之事遠比你想像中困難。要確切證明新燈泡能節省能源，我們必須去停車場現場測量，把那些燈泡安裝在獨立的電路上。那固然可行，但所費不貲。電工的酬勞高達每小時一百美元，安裝現場測量系統更會侵蝕大半我們預期將省下來的經費，損害原本強勁的投資報酬率。然而，如果我們不去停車場現場測量，我們很可能見不到尼爾的總電費有所下降。爲什麼？因爲雖然更換停車場照明可省下驚人的費用，但在飯店的總電費帳單裡，照明只占一小部分。還有許多其他重擔比停車場的燈泡更令人注目——供冷藏設備、融雪系統和通風設備運作的電，以及建物其餘所有燈光使用的電等等，不勝枚舉。就算停車場省下百分之七十五的費用，也可能不會反映在總帳單上——較冷、較暗的冬天，食物儲存及使用方式的改變，還有其他林林總總的事件都能使電費無視此次改裝而節節高升。

所以，環境部主任該怎麼辦呢？這項更換照明計劃已經評估、提交五年了，也一直基於上述理由被退回。

永續經營革命該何去何從？如果我們連投資報酬率有七成五的改裝都做不到，又怎能寄望日後進行更困難的工作呢？

功成事遂有時會痛

灰心的我求助於當時的執行長派特．歐唐諾（Pat O'Donnell）。我們的環境部即為他一手開創，而他也是愛斯本環保工作背後的道德力量。一輩子熱愛戶外運動和攀岩的他是個硬漢，也特別關注人們的痛苦。年輕時候他是第一批嘗試攻上喜瑪拉雅山脈的安娜普納峰的美國登山隊員。那是場災難。他的半數隊友在一場雪崩中罹難。派特也曾沒帶帳蓬及睡袋，一個人走完位於加州、全長兩百四十哩的約翰．繆爾山徑（John Muir

Trail）（一晚被一頭啃著他的背包兼枕頭的熊給吵醒），只因爲他的朋友告訴他該這麼做。他六十四歲、聲音沙啞、正經八百、理個光頭、神似通用電氣前執行長傑克・威爾許（Jack Welch）、每天早上健身三小時，令很多人聞風喪膽。他最出名的一句話是：「我有高度的痛苦忍受力。」這個特質也出現在許多不尋常的對話場合。一次，他跟我說我握力不強，我一反駁，那頓午餐便成了我和派特的握力賽。他壓倒我的手，而後我壓了回去。雖然當時我們說比賽平手，但我現在可以老實跟你說，他贏了。

「派特，」我說：「我們現在是在做什麼？我做這份工作的意義何在？如果我們連這節省成本、跟做生意一樣的改裝都辦不到，就什麼也做不成了。如果我們連這最簡單的案子都無能爲力，乾脆把我的部門裁撤掉算了。」

派特要求艾瑞克執行這個案子，就算它會撐破預算。這其實不太公平，因爲艾瑞克的預算和計劃都會受到影響，還可能會損及飯店營運。但新的預算編列得等一年，等待似乎是不太好的商業決策——我們等於是讓一萬美元的帳單擱在桌上。因此艾瑞克實現了更換照明計劃。

就在該計劃完成後不久，一個竊賊闖進停車場，從一部豪華轎車裡偷了一個錢包。他正要從出口坡道逃跑時，被一名維修人員逮住。就我個人的看法，這正是新照明的附加價值。若沒有新的燈光與好的能見度，那個賊或許就溜掉了。事實上，就在照明設備更新之前，一名泊車小弟才把一部露華轎車「開進」財務部。微弱的燈光當然和那起意外有關，雖然管理階層懷疑也有其他原由。

當一切塵埃落定後，我問艾瑞克他怎麼看待那些燈光。他笑了笑，說：「它們看來富麗堂皇！」

串聯環保的優點

尼爾停車場的新燈光固然很棒，但還有另一個問題：這兩層樓的停車場味道跟臭水溝一樣。

從單方面來看，這或許不成問題——客人不會走到停車場裡頭，所以那頂多只是造成員工不便。但有時候當泊車人員把保時捷、馬汀和其他名貴跑車開到正門時，車內仍留有濃得化不開的臭味。這樣是不行的，但員工不曉得怎麼解決問題。他們打開停車場的抽風機，徒勞無功。若說有什麼變化，味道是不減反增。短期而言，他們放棄嘗試，決定擱置這個問題。工程部門還有別的事要幹。

其中一件事把尼爾帶進能源管理的現代紀元。在更換照明一事大獲全勝後——部分也是受其鼓舞——一位有節能背景的新工程師到尼爾任職。他提出申請，要飯店出資安裝節能系統（EMS）。簡單地說，這樣的系統是整間飯店的大腦。它能讓你隨時在電腦螢幕上看到飯店正在發生的事情。也能讓你以程控式定時器在遠距離操作設備開關，且更容易診斷問題。所有新建的大飯店都設有這類系統，但建於時代頂端的尼爾沒有。

這位新任工程師表示這樣的系統有相當合理的回本期——大約七年——花了二十五萬美元安裝後，它每年可省下約四萬美元的能源成本。工程師獲得了許可，委請一個承包團隊安裝了系統。

好幾件事實隨即明朗。在安裝過程中——把所有東西電氣化，使其能和中央電腦「對話」——承包商發現屋頂的融雪「加熱帶」（有必要在冬天使用，以避免危險而有害的「冰封」）開了一整個夏天。他們把它關掉，並設定系統，在每年春天自動關閉。要節省能源，有時候你只需要搜集簡單的資訊——或是走出辦公室。

接下來，技師發現飯店同時間讓三具福斯金龜車大小的鍋爐以華氏兩百度（約攝氏九十三度）的高溫運轉。這遠高於加熱飯店用水所需的溫度（就算是有錢人也不必洗華氏兩百度的熱水澡）。這不僅浪費——就像你一直讓爐上那壺水保持沸騰，以免你突然想喝茶一樣——也有安全風險：孩童，甚至成人，都有被熱水燙傷的可能。

我們的技師關了兩具鍋爐，並把剩下的一具調至較合理的一六〇度（攝氏七十一度），此舉即刻節省了能源、減少了溫室氣體排放、降低了危險、提高了飯店的盈利。

然而，問題來了。當時飯店的管理高層有人剛去了一趟太陽谷，那兒的一家飯店有超大型的蒸氣池。公司的結論是：「我們也想讓我們的池子冒出蒸氣，增進氣氛。」

「那很簡單，」技師說：「你只要把池水溫度從華氏八十五度（攝氏二十九度）調至一〇二度（攝氏三十八度）即可。唯一的問題是，你們將造出愛斯本最大的熱水池。」

那正是尼爾要的。

於是池水變成一〇二度，鍋爐節省下來的錢瞬間化爲烏有。

一名員工建議飯店在夜間把池子遮蓋起來，那可以省一大筆錢——遮覆物的造價只要幾個月就可回本，而他得到的回應是：「可是那樣就看不到蒸氣了。」

我說這個故事不是爲了痛罵飯店老闆。你想要一座蒸氣池的道理是說得通的。其中之一是：尼爾是一個事業體。事實證明如果你有一座溫水池——基本上就是大型熱水缸——吧台就能賣出更多高利潤的酒。於是池子將變成獲利中心，不只是成本。何況威士忌的收益還遠高於能源消耗的成本（後來，總經理約翰・史皮爾斯（John Speers）在新任特別工程顧問馬克・費茲傑羅（Mark Fitzgerald）的支持下，又將溫度調回合理的水準，使用一個鍋爐，並在夜間將水池覆蓋起來。費茲傑羅光靠「把東西關掉或調低」，一個月便省下三萬美元」。

儘管遭遇了一些波折，安裝人員還是勇往直前。他們發現非常耗電的露台融雪機，在暴風雪期間一直以一三〇度（攝氏五十四度）的高溫運轉著。就我們所知，它整個冬天都這樣運轉。這有兩個問題：首先、要融化一塊板子上的雪，我們不必把它加熱到一三〇度；八十五度就夠了——我們只是要融雪，而非烤牛排。其次，讓它一直運轉是沒道理的。雖然木板要很長的時間才會熱，但也可以蓄熱很久——一如公路上的柏油在太陽下山後仍有餘溫。所以我們調低了融雪機的溫度，並裝上定時器。此舉省下了更多能源。但文化隔閡也在此時翩然而至。

尼爾的工程人員（不是總工程師）對於他們失去融雪機掌控權一事耿耿於懷。他們想自己決定何時該開，何時該關。他們不只惱羞成怒——如果某間客房露台上的雪未徹底融盡，他們需要能親自處理。所以他們做了什麼？他們重新加熱系統，使之再次以一三〇度運轉……且不再受能源管理團隊控制。

當時服務於尼爾工程部的喬伊・尼可斯（Joe Nichols）說：「我個人經歷過融雪機

事件的餘波，那眞是場惡夢：一團混亂，問題多多。一天早上，廣場的融雪機未循環運轉，於是每個人都拿著冰鍬和冰鏟出來，希望我們不會被客訴。」據喬伊描述，當時他們把冰雪從露台敲掉，拖進房裡的浴缸，打開熱水把它們融掉，然後再清理浴缸。

自鳴得意的環保人士可能會說，這又是一個科技能解決問題，卻受到文化阻礙的例子。但他們有充分的理由重新加熱系統。況且有太多例子證明，爲什麼反抗ＥＭＳ是合理的。萬一……機會微乎其微……飯店客滿，一百六十度的水不足供應熱水怎麼辦？那會是一場大災難……值得冒這種風險嗎？這種思維——全世界的工程師在這個節骨眼都會浮現的念頭——會讓節能的擁護者徹夜難眠。

要解決這種「缺乏基層支持」的問題，一個辦法是我或總工程師在奪走員工掌控權之前和他們促膝長談，讓他們相信計劃。這似乎是很基本的工作，但在尼爾可是熱鬧烘烘——當人們對你大吼大叫要你修理堵塞的蓮蓬頭，或買些禮物及時送到二樓以進行復活節早午餐活動，和這些員工坐下來討論事情實在不是首選。

但我們的ＥＭＳ系統沒那麼糟。安裝師所做的分析顯示飯店的天然氣和電力有很大的節能空間——約在每月四千美元之譜。回到停車場，安裝系統的承包商注意到，通風扇一直在全速運轉。「那很怪，」他們認爲。「停車場的風扇是用來排出有害的一氧化碳煙霧。但這些風扇的抽風速度似乎比較適合一九六五年出廠的野馬，而非現在已乾淨得多的車款。」他們在抽風機上裝了一氧化碳感應器，讓它們只在必要時運轉。這不僅省下風扇的能源，也讓停車場裡的熱氣不會太快排出，達到節約熱能的效果。這辦法漂亮極了。

抽風機加裝感應器之後，還發生了另一件事：臭水溝的味道消失了！原來，爲了排出氣味和低量一氧化碳而全速運轉的抽風機，會抽起地面水溝裡的氣體，造成臭味。

尼爾的故事絕對不吸引人，卻是節能有時能提供連鎖效益的例證，也因爲有這一類的故事，抑鬱的工程師才能繼續向前邁進。就像擊出再見全壘打或初吻，這些令人欣喜若狂、宛如天賜恩典的短暫時刻，是多麼珍貴而美妙，彷彿暗示上帝是眷顧工程師的，也讓我們這些搞永續性的傢伙勇往直前。

我們需要更多這種鼓舞人心的故事，因爲我們的經驗多半使人沮喪。執行者有時會覺得不想在清晨醒來；他們必須知道希望在何方。

非營利部門出身的我，塡滿永續性理論的萬噸彈藥，非常樂意搞出一番事業。但到了尼爾，在進行我的第一項計劃期間，我卻得站上壕溝頂端遭機關槍轟擊，因爲我的概念並未以現實爲根據——它們是以理想主義和希望爲動力。這些是很好的特徵，但只在公司董事會具有這麼重的份量。

永續經營運動的領導人——那些顧問和非營利組織，甚至是企業和政府當局——幾乎都爲永續之路描繪了美好的前景。除了我們已經描述過的理由，他們之所以必須如此，部分也是因爲很難以消極性的活動來推廣任何事物（這眞的很難——可說是爛透了——但你該試它一試！）。如我的同事蘭迪．烏達爾所說（他的地方非營利部門已完成它該實行的工作）：「如果永續性易如反掌，我們早就做好了。那眞的不容易，那難如登天。」

還是講求實際比較好。「節約能源很難，而且有時候很貴。但我們有一些很好的理由去做，而最後那會讓我們的事業更賺錢、更長久。讓我們向前邁進吧。」

當卡珊德拉（譯註，Cassandra，希臘神話中有預言能力，卻被詛咒得不到信任的先知）的日子很難熬，因爲沒有人會追隨你。但當一個永遠快樂的寶琳娜（Pollyanna）也好不到哪裡去，因爲只給人虛浮的希望（來吧，那既簡單又能賺錢！），你更可能失去群眾的信任——而群眾才是最終驅動變革的力量。

舉一個很好的例子：巴塔哥尼亞戶外用品公司曾邀請一位永續經營大師來勘查它的建築物。這些大師對於永續經營的原則擁有非常淵博的知識，活力更是充沛，他給了巴塔哥尼亞環境部主任些許一般性的建議，那名主任緊接著和建築工程師討論，後者說：「就我們公司來說，這些沒有一個可行。」一想到和他打交道的是典型由於懶惰、無知、恐懼和人性而抗拒改變的人，環境部主任便請工程師無論如何都要探究這些構想的可行性。

花了四個月以及三萬美元的顧問費，工程師回給環境部主任一份報告，證明沒有任何一種構想可行。「我們研究過了，」他說：「這些構想在這兒沒一項可行。非常謝謝你，混蛋。」

親愛的，歡迎加入這場革命。

註釋

1. 史提普（Stipp），二〇〇二年。

第四章

愛斯本：礦坑裡的金絲雀，山丘上的閃亮之城

「我們知道自己現在是什麼，但不知道以後會變得怎樣。」

——歐菲莉亞，《哈姆雷特》，第四篇，第五章，第四十三節

政府和企業要從何轉型成爲環保尖兵的典範呢？誰要負責進行測試？決定何者值得追求的實驗室又在哪兒呢？愛斯本之類的地方，就要從這裡起身行動。雖然有皮草、整型手術和炫目跑車——或許正因如此——愛斯本仍可當個實驗室，做爲世界其他地方的模範。它示範了一個社群可以如何找到自己最大的槓桿來驅動變革。因爲具有成功和失敗所需的金錢和資源，愛斯本可以協助勾勒出一張永續經營的路線圖。

世界進步博覽會

當年每個人都以爲，一八九二年在芝加哥舉行的哥倫比亞世界博覽會，將造成轟動的會是發電機。實則不然。事實證明，這場博覽會最爲風行的是巨型摩天輪，足以和法國世界博覽會的艾菲爾鐵塔媲美的技術產物。

艾瑞克．拉森（Erik Larson）在《白城魔鬼》（The Devil in the White City）中寫道，這場博覽會挑戰了美國人對建築的想法、對城市的期望（芝加哥博覽會乾淨、安全又漂亮），以及科技可以爲人類做什麼[1]。在某個程度上，這場博覽會創造了現代美國——以及現代的美國人。現代的美國人意識到他們的獨創性可以改變世界，甚至把人送上一座巨大、五彩繽紛、看似脆弱卻堅如鋼鐵的紙風車，在芝加哥的最高點旋轉。

現今的環境運動需要像世界博覽會這類的東西。我們需要一連串能提供經驗和宣導政策的示範計劃。

我們需要這些模範，因爲環保人士已經在網際網路上揮舞白旗，寫一些灰心喪志的文章了。其中一篇引發眾人關注：麥可・薛倫柏格（Michael Shellenberger）和泰德・諾德豪斯（Ted Nordhaus）合著的〈環保之死〉（The Death of Environmentalism）。文中指出，環保運動最重要的戰略——訴訟——已經失敗[2]。文中雖也提出了一種新方式，但他們的分析大概比他們的對策好一千倍吧。（然而，在這篇文章發表之後，環保運動史上最重要的訴訟之一：《麻薩諸塞州控環保局》（Massachusetts v. EPA）訴訟案——要求環保局將二氧化碳列爲污染物——獲得勝訴。）

第二篇像閃電般劃破網際網路的是激進團體「地球第一」（Earth First）創辦人大衛・佛爾曼（Dave Foreman）撰寫的〈自然的危機〉（Nature's Crisis）。他開門見山：「從事保育工作三十五年期間，我從未見過像今天這般淒涼、抑鬱的情況。[3]」

他要如何解決？「正因我們面臨這般蒼涼，我們更要堅守我們的價值，勇於奮戰，絕不退縮。」佛爾曼提議，只要繼續進行那些已經失敗的事情，環保人士將可說服六十億人類爲荒地和野生動物赴湯蹈火。這主意好嗎？或許不錯。有可能發生嗎？當然不可能（即使如此，大衛·佛爾曼仍值得我們敬愛。他是真正的生態勇士，也是我心目中的英雄）。

爲因應氣候變遷，我們需要一套新的思考模式，以及新的生活方式，一如美國在一百年前透過哥倫比亞博覽會發現的新生活方式。那場世界博覽會本身並未建立乾淨而安全的城市，或是更令人興奮的建築，或是有關技術用途的觀念。但它確實集合了原本四散全美各處的零碎事物。它也不是把那些事物帶進演講稿，對觀眾誇誇其談，而是證明了它們。它在一個許多城市仍燈火昏暗的國家點亮了二十萬顆白熱燈泡，也將人們升至兩百六十四呎的高空，向他們證明冶金術和現代發動機可多麼輕易改變他們的視野和生活方式。

這些在一八九三年都是革命性的創新，而參觀世界博覽會的民眾會把所見所聞帶回家鄉。現在我們都住在那些新世紀美國人繼續打造的城鎮與都市。

今天我們需要一場能拓展視野的世界博覽會，幫助我們了解如何面對全球氣候變遷和雜亂蔓生的相關問題，了解瀕臨毀滅的自然世界，和其他種種挑戰。幸好諸如此類的博覽會已在緊鑼密鼓地籌備，愛斯本就是其中之一。

當「愛斯本金絲雀計劃」（Aspen's Canary Initiative）於二〇〇五年首度開展，《丹佛郵報》（Denver Post）報導了這項氣候變遷聯盟及城市計劃：計劃發起人希望讓愛斯本成為研究、討論及實際減碳以因應氣候變遷的領導者；愛斯本也期望成為迷你版的達沃斯或京都，主導未來數十年的議題[4]。這篇文章的語氣帶著委婉的嘲弄，暗示愛斯本的減排措施係九牛一毛——在能源消耗的大金剛面前，比侏儒還不如。

確實如此。也沒有哪位愛斯本的同仁相信，換裝節能日光燈就能抑制全球氣候變遷。重點不在這裡。接受過丹麥哲學家索倫·齊克果（Søren Kierkegaard）洗禮的愛斯本人都了解——他認為「每一個存在都是宇宙中心」，愛斯本人也傾向這種思考模式——正是他們家鄉純粹精煉的特質賦予他們影響世界的力量。愛斯本在中國有媒體報導、接待過總統和國會議員，當然也款待過這個星球最具影響力的人（也就是有最多錢的人）。

換句話說，全世界的愛斯本度假中心皆可視為正在慢慢擴建的博覽會。一如芝加哥的哥倫比亞世界博覽會，愛斯本也可做為創新的靈感和實驗室。例如，愛斯本市就是第一個對面積超過五千平方呎的建築課徵碳稅的自治市。在「愛斯本世界能源博覽會」測試過的政策，將能引導出更廣泛的政策。同樣的，我們在小尼爾飯店進行的工作或許也應該能影響政府的政策；我們需要政府為永續經營計劃提供動力，讓它們更容易推行。

現代愛斯本的創建者不僅想讓遊客滑下積雪的山坡。他們是第十山地師的退伍軍人，曾在科羅拉多山區受過專門訓練、二次世界大戰期間在義大利奮戰，並於不久前名副其實地拯救世界的鬥士。熱中思考的芝加哥實業家華特・帕普克（Walter Paepcke）在一九五〇年成立教育機構「愛斯本研究中心」——即布雷頓・伍茲（Bretton Woods）改變全球經濟後不久。一九七〇年代，愛斯本倡導成長限制，藉此打造了一個為開放空間環繞的美麗城鎮，但不幸的是，對收入不多的平凡人來說，這兒也成了房價奇高、通勤時間特長的地方。但這就是實驗的本質：有時就算有效也會咬你一口。芝加哥的哥倫比亞世界博覽會當然也不完美。

今天，全美各地的鎮民代表紛紛前來愛斯本觀看下一回合的實驗：大量員工宿舍和極佳的大眾運輸系統、模範兒童照護、以多種方式關照市民並維護社區健康的模範地區基金會、一座即將有百分之八十的動力來自再生能源的城市、以及一群非常投入的市民——他們拚命投書五大地方報紙，把一些居民搞瘋了。

當然，愛斯本沒有摩天輪或第一批燈泡之類的事物。以往這座城市始終沒有打造實物宣傳的動力，現在它有了。面對氣候變遷這類難以理解且看似無法克服的問題，人類似乎束手無策。這世界面臨著相當大的難題，需要親眼目睹可能的解決之道。

阿基米德（Archimedes）相信，只要給他一個支點，他便可以舉起地球。愛斯本便是一個支點。愛斯本是在山丘上閃閃發亮的城市：小得可做機敏的改變，聰明得知道它是世界矚目的焦點，也美得足以啓發全世界。〔摩天輪與世界博覽會的討論來自我和友人艾德．馬爾斯頓（Ed Marston）的對話。艾德是作家、公用事業的董事、三流的房地產專家及《高鄉新聞》（High Country News）的前發行人。後來我們將那些對話改寫成一篇文章，發表於《費城詢問報》（Philadelphia Inquirer）。本章即引用了那篇文章的片段，感謝艾德允許我這麼做。〕

愛斯本之象徵意義

愛斯本足爲楷模還有一個理由：它好比美國的代言人，是我們對抗氣候變遷時一切問題、障礙和機會的縮影。

首先，愛斯本就位居氣候變遷的最前線，而這個城市對它瞭若指掌：這也是它創造金絲雀計劃的原因。

愛斯本最早推動的計劃包括一項研究，檢視當時最進步的科學來回答這個問題：五十年後愛斯本會發生什麼事？一百年後呢？他們的想法是，一個經濟完全仰賴氣候的度假社區，就算只是要做最基本的城市規劃，也必須推敲未來可能的面貌。

那份研究的結果令人驚訝：紀錄顯示過去三十年地球暖化了華氏三度，而最好的模組更顯示未來三十年，若在中等排放情況下（意思是排放量遠少於最壞的情況；此乃以當前趨勢爲依據，考量世界生成及排放溫室氣體污染物的方式），地球將暖化三・二至四・五度。這是幅度相當大的暖化。一如我在第二章提過，冰河時代就是由類似的地球溫度波動所引起，只是冷熱反過來罷了。

那份報告也發現，就算地球溫室氣體排放量有所降低，到二一〇〇年，愛斯本仍將經歷大約華氏六度的暖化，使它的氣候變得像新墨西哥州的洛斯阿拉莫斯那樣。如果全球碳排放持續像之前那樣竄升，至本世紀末，愛斯本將再暖化十四度，也就是說你可以把愛斯本拖曳到德州阿馬利諾那裡去了[5]。

這種變化令人心驚肉跳，而它對荷包的衝擊不亞於環境。同一份研究發現，如果到二〇三〇年，滑雪季的延遲或不佳的狀況削減了百分之五到二十的滑雪客，當地經濟將大幅受創：總個人所得將損失一千六百萬至五千六百萬美元（以今日幣值計）。雖然無法確實量化，但不良的滑雪情況也可能危及愛斯本的度假房地產市場，讓損失雪上加霜。而報告中最驚人的莫過於：「若溫室氣體持續大量排放，愛斯本的滑雪活動很可能在二一〇〇年告終，甚至可能提前；低度排放則可保存中高海拔的滑雪。但無論以上何者，滑雪條件都將在未來每下愈況。」[6]

你可以說愛斯本是一個仰賴氣候的社區，而且不僅以雪著稱：愛斯本夏天的急流泛舟是另一條經濟支柱。但如果逕流量持續減少且集中在較短的時間，夏天旅遊經濟將開始崩毀。這種情況已經發生。報告指出，逕流已提早出現，且來得快、去得急，而情況預計還會更糟。如果你想知道氣候變遷是否在愛斯本發生，可以問問熟悉四季的居民。已在科羅拉多山區巡迴比賽三十年的傳奇性野山滑雪選手盧・道森（Lou Dawson）提到春季積雪量時就說：「四月是新的五月」：以往你到五月才會見到的野山坡道，現在四月就看得到了。冬天的旺季已經折損一個月了。

無獨有偶，附近維爾社區——高山度假勝地——的海灘松森林正遭逢暖化引起的樹皮蠹蟲傳染病（蟲子能活過不夠冷的冬天，最終將扼殺他們棲息的樹木）。那些常綠樹現在呈現褐色，沒多久將轉成銀白。它們全都瀕臨死亡。短期之內，維爾看來或許會更像太陽谷的高地沙漠社區，不再是我們熟悉的阿爾卑斯森林了。或者它將移植愛斯本的樹林——但與昔日賦予維爾阿爾卑斯氛圍的杉林和松林將是天壤之別。

二〇〇六年科羅拉多大學一份名爲「洛磯山之州」的研究預估，至二〇八五年時，新墨西哥陶斯的著名滑雪村將失去百分之八十九的四月一日平均積雪量[7]。就像「小精靈」電玩裡的那句：「遊戲結束。」二〇〇七年夏天，最新版的太浩湖（坐擁數個滑雪村，包括維爾度假村所有的天堂）年度報告顯示當地的夜晚已經變暖、寒冷的日子更爲稀罕，降雨也逐漸多於降雪了。這份報告係根據可溯自一九一一年的可靠天氣紀錄，紀錄顯示夜間溫度已上升超過華氏四度，平均氣溫低於冰點的日數也從七十九天驟降爲四十二天[8]。

但氣候變遷已然發生的事實卻爲氣候行動形成一道全球性的障礙：蓄意的否認。許多像愛斯本這樣的社區皆不願承認他們的經濟其實已經烤焦了。這個事實會傷害城鎮。人們或許會決定不要買高級公寓，或者可能不會教小孩滑雪。（學滑雪既難又貴還耗時間。如果雪正逐漸消失，還學滑雪做什麼？）

同樣的顧慮也阻止滑雪業監控氣候變遷，直到最近才有所改善。當前任環境主任在一九九九年一場滑雪業聯席會議上提出氣候變遷的議題時，他基本上是被嘲笑聲趕出房間的。一個產業幹啥要指出它的未來陷入危機？那就跟打字機業者在一九八〇年前後宣布預見電腦時代來臨一樣。

基於種種商業考量，也因爲人性，否認氣候變遷的心態以百萬種形式充斥著美國社會，可說是無所不在（展館A是石油及天然氣業、展館B是煤業，展館C則是聯邦政府，由A及B資助之遊說人士控制的聯邦政府）。

且以位於我們附近的維爾度假村爲例。二〇〇七年八月《時代》雜誌一篇文章引述了愛斯本對氣候變遷的憂慮。在同一篇報導中，維爾卻否認他們見到任何變化。「不到一百哩外，」報導這麼寫著：「維爾的高級職員表示他們並未見到類似的地球暖化效應。」（就算如前文所述，維爾的森林在前十年幾乎死亡殆盡）「『科羅拉多洛磯山的情況不同於歐洲阿爾卑斯山，』發言人凱莉・拉迪加（Kelly Ladyga）說：『我們坐落的海拔高得多——高峰超過一萬兩千呎。冬季並未縮短，降雪量也一直很穩定。』[9]」

海拔較高的科羅拉多滑雪村的境遇固然可能比世界多數度假村來得好——當然勝過歐洲和北美東西兩岸的度假村——但氣候正在變遷是何其明顯的事實，美西更是如此。在愈來愈多以美西氣候變遷爲題的文獻中，愛斯本的研究開創了先河。

帕克市後來也委託進行了類似的研究；它發現到二〇七五年時，感恩節將不再是滑雪的節日，而季中的積雪將只有今天的百分之三十五至八十五——意即猶他州的白雪將不再深不見底。在整座洛磯山脈，大氣暖化的速度將比全球平均溫度快三分之一，意即往後我們已幾乎不可能只要在十一月底以前造雪了。

類似研究接踵而至[10]。二〇〇八年，洛磯山氣候組織（Rocky Mountain Climate Organization, RMCO）和自然資源保護委員會（Natural Resources Defense Council, NRDC）合作發表一項報告，指出：

美國西部暖化的情形比整個世界嚴重。過去五年（二〇〇三年至二〇〇七年），全球氣候比二十世紀平均溫度溫暖了華氏一度，而RMCO發現，美西十一州在同一段時間的平均溫度，比二十世紀該區平均溫度高了華氏一點七度——也就是暖化程度比全球高了七成。美西也遭受更頻繁、更嚴峻的熱浪襲擊，自一九五〇年以來，酷熱的日數每十年增加多達四天[11]。

維爾度假村的那番話本身不算謊言，卻無知到令人傻眼。維爾沒見到暖化現象只有一個原因：它並未留意。閉著眼睛很難看到東西，但要睜開眼睛看壞消息也不是件容易的事。

屠夫，貪食能源的豬

就氣候而言，愛斯本確實可喻爲礦坑裡的金絲雀。由於地處特殊高山環境，它比美國其他地區更早出現變化及蒙受影響，連海岸地區也不及它顯著。因此愛斯本扮演了一個角色：未來，只要觀察愛斯本，美國其他地區或許就能明白自己的命運——或是如何趨吉避凶。

現在，愛斯本堪稱美國的代理人，因爲它跟全美其他地區一樣，是頭貪食能源的豬。它是炫耀性消費的帶頭大哥。正因如此，每當我在同一個句子提到永續經營和愛斯本（尤其是滑雪），我常得到「噢，拜託！」的回應。畢竟，滑雪本身是種完全沒有必要的活動，而且人們爲了來這兒滑雪得搭飛機或開車。然後訪客們滑雪以外的時間基本上都待在極耗能源的別墅、熱水池、飯店或餐廳——更多非永續性的畫面——一邊大快朵頤從世界各地運來的酪梨、葡萄、草莓——甚至還有水。（雖然小尼爾飯店的情況已有所好轉，因爲主廚萊恩．哈帝（Ryan Hardy）開闢了一座農場，自己飼養動物。他在現場自製乳酪、薩拉米香腸和法式餡餅，並在當地種植蔬菜。尼爾也開始販售在地飼養的牛肉。）

我最常聽到的評論是：「如果你眞的在乎永續經營，愛斯本滑雪公司應該關門大吉。或許整個城鎮也該關閉。」

這個論點是有其參考價值，但它終究太過簡化，也確切說明了愛斯本何以足堪做爲美國的代表。愛斯本的生活方式當然是奢華無度的。但整個美國的生活方式就是如此。你一定聽過這些數據：我們的人口占世界的百分之五，卻用了地球百分之二十五的資源。美國人平均每人燃燒的石化燃料比地球上任何國家都多（每人每天約一百萬英國熱量單位，相當於一百磅的碳、一千立方呎的天然氣、八加侖的汽油或發出一道閃電所需的能量——即每人每年要耗用二十六桶的石油）[12]。

在此同時，金絲雀計劃所進行的一份研究顯示，愛斯本的人均溫室氣體排放量大約是全國總平均的四倍之多。平心而論，這個數據所以會這麼高，部分是因爲納入了機場的排放量。但不管怎麼說，從能源消耗的觀點來看，如果美國平均而言是頭豬，那愛斯本就是「豬斯拉」了。

所以我們該怎麼辦？關閉愛斯本，然後也讓美國停止運作？美國比歐洲浪費得多，歐洲和日本平均每人使用的能源比美國少六成。而比起位居能源消耗圖表底部的印度，歐洲其實相當糟糕。所以我們也要關閉巴黎嗎？簡單地說，我們沒辦法劃定一條道德的能源界線，說明哪些活動可行，哪些不該做。既然眞實世界缺乏上帝般的審判品質，我們必須修正整個系統，而非挑三揀四。愛斯本的經濟，以及中國和孟加拉的經濟，都必須改用新的運作方式，把對地球和大氣的傷害降至最低。未來，空中旅遊和滑雪等活動是有可能終止；它們將貴得讓人無力負擔；但短期來看，我們應予以調整，而非執意消滅它們。

另外，純以實用的角度觀之，愛斯本的經濟能否活絡，對環境品質至關重大。科羅拉多州攝影師約翰·菲爾德（John Fielder）出版了一本攝影集，呈現百年前威廉·傑克森（William H. Jackson）的照片，以及現今於同一地點拍攝的相片。

看看一九〇〇年的愛斯本，你會明白，在經濟仍以採礦和自給式農作爲基礎的那段時期，愛斯本的風景——以及流域和空氣——可說滿目瘡痍。而當愛斯本滑雪逐步演變成生氣蓬勃的滑雪經濟，一切有了轉機。爲什麼？因爲稅金和私人財富開始投入環境保育和清理、法定空地的維護、保護自然資源的非營利組織等等。

班哲明·弗萊曼（Benjamin Friedman）在其著作《經濟發展的道德後果》（The Moral Consequences of Economic Growth）中詳盡闡釋了這種論點。他認爲是好的年代引導出了美國人好的特質——同情與寬厚——而環保方面的成就，基本上是富裕和豐饒的產物[13]。這是一把兩面刃：蓬勃發展的經濟才有餘裕來保護環境，但當經濟情勢惡化，第一個被犧牲的通常也是環保計劃。

沒錯，現代愛斯本排放出更多的碳，但我們也擁有更多財務資源來處理這些碳排放物。愛斯本必須成爲世界的模範，這個主張合情合理。因爲，捨我，其誰呢？

我們都是偽君子

基於本章討論過的許多明顯的理由，愛斯本敞開大門歡迎虛僞的要求——美國外交人員在話鋒轉向《京都議定書》之類的條約時，總會聽到的東西。我們在愛斯本聽到的是：「你根本還沒開始解決你第二故鄉的問題，卻把金絲雀計劃說得天花亂墜。」而在世界上我們聽到：「你沒有立場要求我們做任何事情，除非你們美國人先處理自己龐大的能源消耗。」

在愛斯本，地方報紙屢屢指責環保的僞善行徑。以下是個範例，由alpha6張貼在當地部落格aspenpost.net：

> 每當提到「愛斯本的虛僞」這個主題，總會有人抨擊我說得太露骨。愛斯本和其他自由派人士罹患同樣的「富有自由派症候群」，認爲環保是好概念——只要有其他人爲此理想犧牲。但上帝不許他們放棄私人噴射機，他們暖化至恆溫七十二度（攝氏二十二度）的第二故鄉、他們熱騰騰的私人車道、熱水

> 池、游泳池……等等。看看全球暖化運動（Global Warming Crusade）的「鬥士」，艾爾·高爾就好。他搭乘私人噴射機四處奔走，一趟行程排放的廢氣比我一整年還多，就爲了「把話說出來」。替你那些白痴自由派朋友省下天花亂墜的宣傳和「滑雪就要式微」的謬論吧，你希望他們能改變現狀，他們自己卻不必改變。是啊，世界或許正在暖化，但別奢望那些自由派人士會出面挽救，他們似乎是在忙著加快整個過程，以便出言不遜。（我的意思是，你別奢望南茜·佩洛西（Nancy Pelosi，編按，美國眾議院議長）會放棄她的噴射機，畢竟，沒有她的粉絲團，她要怎麼跑來跑去呢？）僞君子？你答對了！[14]

指控他人虛僞何其容易。但這些指控往往沒抓到重點，因爲，生活在這個以碳爲基礎的經濟中，不當僞君子，我們根本說不了有關減少碳排放的任何事情。在現代世界生存，就一定會製造碳排放。問題只在於你是多虛僞的僞君子。例如，攻擊高爾住家的大小，就是卡爾·羅夫（Karl Rove，小布希總統任內的白宮政治顧問，堪稱布希政策的化妝師）式的戰略：對話忽然從全球氣候危機——威脅全人類的駭人議題——降格成高爾的房子，那或許有其重要性，但程度不及百萬分之一。

諷刺的是，在企業的世界中，這些公然僞善之舉——例如在愛斯本和美國展現的言行——其實卻可能對環境有益，因爲它能驅動變革，就算手段令人不快。我會在第九章詳細探討這個概念。

我們每個人都可能被指爲虛僞，若要緩和如此的指控，最好的辦法顯然是實行更持久的作爲——眞正的作爲，眞正事關重大且能驅動眞正變革的作爲。爲此，你必須睜大眼睛，洞察你可以如何做出眞正的改變：你必須找到你最大的槓桿，並善加使用。

註釋

1. 拉森，二〇〇三年。
2. 薛倫柏格與諾德豪斯，二〇〇四年。
3. 佛爾曼，二〇〇五年。
4. 力普夏（Lipsher）與休曼（Human），二〇〇五年。
5. 參見金絲雀計劃網站〈西科羅拉多州的氣候資料〉一文：http://aspenglobalwarming.com/westerncoloradodata.cfm。氣候科學作家蘇珊．哈索（Susan Hassol）提出這項極佳的點擊拖曳分析。
6. 愛斯本全球變革研究中心，二〇〇六年。

7. 科羅拉多學院，二〇〇六年，第九十七頁。
8. 加州大學戴維斯分校，二〇〇七年。
9. 海利（Healy），二〇〇七年。
10. 最新的研究由馬里蘭大學所進行，二〇〇八年。
11. 桑德斯（Saunders）、蒙哥馬利（Montgomery）和伊斯萊（Easley），二〇〇八年，第iv頁。
12. 援用蘭迪．烏達爾之計算結果。
13. 弗萊曼，二〇〇八年。
14. alpha6評論康尼夫（Conniff），二〇〇七年。

第五章 找到你最大的槓桿

「給我一支夠長的槓桿和一個放置它的支點，我將能舉起全世界。」

——阿基米德

一直有試圖走環保路線的公司打電話給我，彷彿揮之不去的夢魘。他們會提出類似這樣的說法：「我替一家（飯店管理集團、物業管理公司、《財星》五百大企業……空格請自填）工作。」來電者想坐下來談談他們如何能「環保一些」。「什麼意思？」我問。「你知道的，」來電者說：「像回收紙之類的工作。」接著我通常會這樣回答：「如果你只想討論這種程度的『環保』，那你找錯人了。」

諸如回收這類的辦公室措施雖然也很重要、明確，有其必要。如鋁罐基本上就是一種凝結的電——把鋁從礦沙提煉出來是極耗能源的工程。但如果追求環保的過程就在做到垃圾分類站和回收紙後罷手，東西兩岸的許多影印機將會沉入海底。

公司必須做一些深刻的反省來找出自己最大的槓桿，然後善加運用。這支槓桿不見得非常明顯。

一如我先前指出，氣候問題的規模將使若干形式的政治行動成爲任何企業或個人最大的槓桿。那是因爲（純以排放的觀點來看）企業光是綠化營運是不夠的。這就像在鐵達尼號上重新整理甲板上的躺椅一樣。例如我們可以消除滑雪業的所有溫室氣體排放，但如果世界其他人不跟著改變，這個產業還是撐不過百年。爲了得到我們需要的政府領導，公司必須竭盡所能參與所謂的氣候政策。

但重點來了：實務工作，也就是本書焦點所在，必須先於政策工作。爲什麼？因爲企業必須先自力完成某些事情，才能夠有效說服政府對氣候採取行動，否則就會失去可信度，徒留僞君子的外表。這或許是企業及個人必須實行減碳工作唯一最重要的理由：這樣他們的政治範例將更具說服力和可信度。當然，在我們等待政府出面領導的這段期間，我們也大幅降低了碳排放量（並省下大筆金錢）。

反過來說，政府必須有企業的範例可循，才可能挺身接下領導重任。那麼，企業在支持漸進式立法之際，要如何判定該以何種方式緩和自身對氣候的衝擊呢？

以沃爾瑪的方式思考，不要學福特

沃爾瑪是個模範。在這家大型折扣零售業者展開綠色計劃之時，它可以只迎合大眾的期望，做做店內教育、各地點的綠化，以及小型風力和太陽能光致發電等足以做爲宣傳的事情，其他一概不管。但沃爾瑪不僅做了以上一些工作，也坐下來問自己最大的影響在哪裡。查爾斯·費雪曼（Charles Fishman）在《高速企業》雜誌裡這麼寫：

在卡崔娜風災之後，執行長李．史考特（Lee Scott）要求幕僚針對地球暖化等環境議題做簡報。布朗大學的史蒂芬．亨柏格教授（Steven Hamburg）也應邀列席會議。亨柏格是闡釋氣候變遷的高手，還以此榮獲環保局的獎章。

「那是非常坦誠的一場對話，」亨柏格說。不算沃爾瑪常客的他，曾檢視過沃爾瑪一部分的環保績效。一九九四年，他這麼批評沃爾瑪的第一家環保概念商店：「一如我跟李說的，它做了很多表面工夫（譯註，原文爲greenwash，亦譯爲漂綠[1]）。他必須做得更好……我說：『眞正重要的是架上的東西。沃爾瑪在市場的影響力遠勝於建成環境（built environment）。』[2]」

沃爾瑪是賣東西的，賣的東西比世上任何公司都多。因此沃爾瑪便是透過它販售的東西來改變世界和保護環境。這場討論之後，沃爾瑪便開始販售一億盞節能日光燈泡，能節省百分之七十五能源的螺旋燈泡，並壓低售價、把燈泡放在走道視線水平處（暢銷商品區）。沃爾瑪藉由改變燈泡市場來發動一場革命。至二〇〇八年，該公司已賣出一億三千萬盞燈泡（超過每個美國家庭一盞的數量），而藉此降低的污染量等同於兩座大型火力發電廠。

如果故事停在這裡，它已堪稱一則偉大的高槓桿故事。但故事繼續發展。沃爾瑪不只是賣了許多省電日光燈，它也對白熱燈泡的滅絕貢獻良多。白熱燈泡將於二〇一〇年在澳洲禁用，而加州也正朝相同方向邁進。

但也有企業反沃爾瑪之道而行。而針對這些企業進行的個案研究，確實證明了找對焦點的必要。福特也跟沃爾瑪一樣坐下來問：「我們最大的槓桿是什麼？」但這家車商鑄下大錯：決定不去綠化其核心事業（汽車），反倒砸下二十億重金綠化它在密西根迪爾波恩的車廠（特別是決定安裝一座綠色的屋頂……種滿青草）。福特就是沒抓到它最大的槓桿。因此，在將近十年之後，福特在大眾心目中仍不是綠色企業，沒有綠色艦隊，屢屢遭受豐田（Toyota）和本田（Honda）等問了同樣問題而能正確回答的公司迎頭痛擊（而且屋頂還會漏水）。

想靠回收紙綠化辦公室的物業管理公司必須仿效沃爾瑪，做同樣的評估：我們可以在哪方面發揮最大的槓桿作用？對物業管理師來說，機會就在……別意外……物業管理中！我們將在第八章看到，在所有全球溫室氣體排放之中，建築物要負將近一半的責任。打電話給我的物業管理師肩負著價值數億美元的別墅、私宅和商業區，他們或許能夠一邊保護環境，一邊替他們的客戶省錢。但他們最初對於「環境保育」的想法，並未引導他們朝正確的方向前進。

愛斯本滑雪公司的槓桿

一天，我又垂頭喪氣地走進我們當時的執行長派特・歐唐諾的辦公室。我們到底在做什麼？我這麼問他。我們所做的工作——從改善建物和造雪的效率、購買再生能源、到讓雪車使用生質燃料——在整體計劃中是多麼微不足道：感覺我們並未眞正造就任何改變。這樣下去有何意義呢？派特指出，我們的日常作爲固然重要，但比起另一個機會仍顯得渺小；或許我們也應把那個機會視爲我們的實務工作。派特主張，既然我們已經具有可信度，我們應逐漸把焦點移向如何改變其他業者的觀念，並支持我們老闆迅速滋長的環保理念——那是個心地寬厚、悲天憫人且愈來愈具環保意識的家族。從那個時候起，那個家族便身先士卒，在他們所有事業積極投入節能工作，家族成員在世界最大、效率最高的非政府環保組織擔任董事，並發起一項完全獻予環保的慈善事業。在最近一場於尼爾飯店進行的改組會議上，一位家族成員問：「你們做這些事情都有以環保爲前提，一定是這樣吧？」愛斯本滑雪公司並未讓此變革實現，但本身即爲演化的一部分。

愛斯本最大的槓桿就是它「聞名全球」的事實；因此，全球媒體會來報導我們，我們任一個小動作往往都會造成深遠的影響。在愛斯本滑雪公司，我們覺得我們可以透過這種思維影響兩大實體：聯邦政府和大型企業。而關鍵點在於：我們成功的實務工作給了我們可信度，因而得以遊說其他企業共襄盛舉，做出更大的改變。

善用政府

爲了撬起政府的槓桿，二〇〇七年，愛斯本滑雪公司在自然資源保護協會上應盟友之請，針對《麻薩諸塞州控環保局》的訴訟案向最高法院提出「法庭之友狀」（amicus brief）。麻案常被喻爲最高法院有史以來最重要之環境訴訟，旨在要求環保局依《清淨空氣法》（Clean Air Act）將二氧化碳列爲法定污染物——原告視之爲非常合理之請求，因爲《清淨空氣法》賦予污染物的定義爲「危害人體的物質」。而我們已有充分的證據證明二氧化碳會威脅人類的生命。

乍看之下，一個滑雪度假村的參與似乎無關緊要（以全球標準來看，滑雪村只是個小小的事業）。但因爲愛斯本擁有極高的知名度，也因爲滑雪村介入這起訴訟頗不尋常，新聞媒體皆如此看待此事：「十二州、三個環保團體，甚至一座滑雪村，皆加入支持這起訴訟的陣營。[3]」最後麻州以五比四勝訴。

我喜歡把這種手段視爲愛斯本滑雪公司方面的「不對稱作戰」（asymmetric warfare）：一個小實體對遠比自己強大的實體發揮不成比例的影響力。在環保的競技場，愛斯本滑雪公司是極不起眼的選手。我們的工作便是找出如何能以小搏大，產生劇烈衝擊的方法。

數個月後，堪薩斯州的一個審議委員會拒絕核發許可給一座新的火力發電廠，主要理由是二氧化碳將對未來產生負面影響。這是史上第一次有機構這般拒發許可——而其唯一法律依據便是《麻薩諸塞州控環保局》訴訟案。我們至少可以這樣說，一個滑雪村能與重大政策轉變產生這樣的關聯，既讓人學會謙卑，又令人心滿意足。那就是我們何以認爲提出這份「法庭之友狀」是本公司做過最重要的事情之一（包括在一九四七年開門營業）。

技術的圈套

好消息是一旦個人或企業闖入法律的舞台，機會便豐富多了，而且其中許多機會甚至能替你賺錢。下面的例子即爲好政策能促成的變革：

- 將老舊、耗電的變壓器更換爲家用等級每年可省下一百二十億元洗碗機循環的電力，但政府必須採取行動，指定並鼓勵人們安裝效能最高的機型[4]。
- 回收工廠產生的廢熱（就是那些從煙囪排出去的熱）並用以產生乾淨的動能，可供應目前美國百分之十四的電力[5]。
- 實施「稅收中立」（**revenue-neutral**）的稅改（類似高爾等人廢除薪資稅，改徵污染稅的構想）不僅在政治上可行（豈有不支持廢除薪資稅的選民？）更能建立降低排放的市場機制；但這樣的行動需要立法。
- 每英畝的海藻一年可製造一萬加侖的再生生質燃料（傳統用大豆製造生質燃料的方式，產量只有五十加侖左右的產能）——全都是一邊吸收二氧化碳製造的。但這種技術——以及更有效率的太陽能光電板、從發電廠隔離二氧化碳的技術等等——都需要更大的支持以及伊拉克戰爭式的投資，光靠美國政府每年區區幾十億的投資是不夠的。

諸如此類的例子不下三五百個，大多都是利用現有技術，也已經得到維諾德·科斯拉（Vinod Khosla）及KPCB創投公司等私人投資者或財力雄厚的風險資本家的支持。但缺少政府的支持——湯姆．弗萊曼（Tom Friedman）所謂「二次世界大戰規模」的努力——這些關乎節能及再生能源的適當技術便無法迅速擴張發展。

看了以上一些討論，你或許會以爲我們只要堅持到底、投資正確，就能透過技術創新來解決氣候問題。但這裡的關鍵點是，新的技術發展並非最重要的槓桿；最重要的槓桿是讓現有技術得以履行的政策。

就氣候變遷而言，把焦點擺在技術發展其實是目前最風行的一種拖延行動的方式，而且是全國性的作風。氣候政策專家羅姆稱之爲「技術的圈套」：不斷聲稱「我們會有更新更好的乾淨能源技術」，利用這種蜃景來拖延而非促進阻止氣候變遷的行動。這個陷阱之所以危險重重，乃因爲它是著根於法蘭克．朗茲（Frank Luntz）等共和黨謀士宣傳的詭計。他們指出，把焦點擺在技術，是既能表現你關心地球暖化，又不必採取任何實際作爲的最好方式。拜柏恩．朗柏格（Bjorn Lomborg，他向來否認氣候變遷）、泰德．諾德豪斯和麥可．薛倫柏格等羅姆所謂「氣候拖延者」之賜，這種思維已廣獲青睞。

薛倫柏格、諾德豪斯和朗柏格相信，解決真正氣候問題的關鍵在於「在價格及績效方面皆取得非漸進性突破之分裂性（disruptive）潔淨能源技術。[6]」

對此，羅姆在他的部落格這麼回應：

> 噢，不是這樣的。能源政策是我的領域，而過去幾年我和世界每一位頂尖能源政策專家都聊過。有些人的看法和薛倫柏格、諾德豪斯兩人一致（大部分是學者），但多數並不認同——特別是真正的能源工作者或長期研究氣候科學者。沒錯，大家都想拿到更多研發乾淨能源的資金——誰不想呢？（除了似乎只有薛、諾兩人認識的那些「熱愛痛苦與犧牲」的幽靈環保人士以外。）
>
> 但能源工作者明白，能源方面要出現饒富意義的突破，就算有也是千載難逢——我可以信心滿滿地這麼說，因爲我碰巧管理過負責絕大部分無碳技術研究的聯邦政府單位。
>
> 研究過氣候科學的人都明白，我們已經沒時間寄望不管花了多少研發經費都或許永遠不會出現的突破了。已開發國家的碳排放必須在未來十年由多轉少（發展中國家須緊跟其後），否則我們將毀壞未來五十代子孫的地球，不管他們有多高明的技術可以運用。換句話說，如果我們不能以現有或即將出爐的技術阻止地球暖化的浩劫，我們就無法阻止地球暖化的浩劫了[7]。

不只是羅姆有這種論點。皇家荷蘭殼牌石油（Royal Dutch Shell），世界最大的石油公司之一也指出：「要讓一種原始能源形式於上市後取得全球市場百分之一的占有率，少說也要二十五年。」[8]

我們都知道我們有多少時間來解決氣候問題，而這段時間是不夠的。

迫使領導人出面領導

唯有政府能以夠快的速度執行現有技術。因此企業固然必須射出他們所有效能與再生能源的子彈來努力減少本身的碳足跡，但最重要的是，他們必須把公司當成一支球棒，不斷提出倡議對國會議員窮追猛打，並運用他們對顧客的影響力來開創民間運動，以及分配廣告經費給旨在拓展群眾基礎的氣候活動。個人也必須做同樣的事——以我們的選票，我們的筆，我們的雙腳；我們必須盡全力掃除路障，就像我們推動民權或美軍退出越南等其他社會轉型一樣。沒錯，我們應該旋入節能燈泡，但別誤以為這樣就夠。或者，如比爾・麥基本（Bill McKibben）所言：「當然要旋入節能燈泡，但緊接著要旋入新的參議員。」我的朋友朱爾斯・歐德（Jules Older）補充道：「……別再被老參議員壓榨了。」

我們的一些問題——民權是其一、醫療或許也名列其中——都太過巨大，沒有政府的協助無法解決。在這點上，美國航太總署的詹姆士·韓森和迪克·錢尼看法一致。韓森在《紐約書評》（New York Review of Books）中指出：「呼籲民眾降低二氧化碳排放固然恰當，但這除了過分簡化，也會讓人忽略最重要的一件事：政府的領導。沒有政府的領導和全面性的經濟政策，個人的節能行爲只會減少燃料需求，進而壓低價格，最終反而會助長能源浪費。[9]」

韓森的論點有欺騙之嫌，因爲它同時剝奪又賦予人民權力。個人能夠做什麼呢？或許能減少個人的二氧化碳排放，但就地球的等級而言，個人的助益非常有限。但最後，是誰能促使政府出面領導呢？還是要靠個人。

在愛斯本滑雪公司，一如任何大公司、甚至政府實體，領導人並未時常和大眾進行直接的溝通。但若我們的執行長邁克·凱普蘭收到十來封民眾針對某議題的親筆信函，我敢保證我們在一個星期內便會就此議題召開高階會議。請想像一下，如果我們的大樓外頭有街頭示威抗議，愛斯本將會如何處置。個人可以驅動變革；一定可以，過去可以，未來也可以。我們需要走上街頭，我們需要把信拿到郵局，我們需要迫使領導人出面領導。

衛生紙問題

政府的行動固然至關重大，某些大公司的計劃也能對政府政策構成影響。因此，鞭策其他企業也很重要。

二〇〇六年，為回應「森林道義」（Forest Ethics）組織的要求，愛斯本滑雪公司加入綠色和平（Greenpeace）領導之拒用金百利．克拉克（Kimberly-Clark）紙類製品（包括知名品牌舒潔）的行動。世人對金百利．克拉克的顧慮在於該公司的紙和紙漿原料取自瀕臨絕種的古森林。綠色和平的杯葛行動（二〇〇七年有七百人參與）旨在迫使該公司停止使用來自瀕臨絕種森林的纖維，改用森林監察委員會（Forest Stewardship Council）認證的纖維，大幅增進所有衛生紙類產品使用消費後再生紙的比例——因為金百利完全不使用消費後再生製品。

加入杯葛行列的愛斯本滑雪公司大舉更換山區、飯店和餐廳的金百利製品。我在此過程犯了個錯誤：對媒體侃侃而談。於是媒體過足了下標的癮：「衛生紙問題」（The Issue Over Tissue）、「舒潔製造商不敢輕忽滑雪公司的顧慮」（Kleenex Maker Not Sneezing at Skico's Concern）。雖然這些報導是公平的，但地方專欄作家可氣瘋了。其中一個寫了標題為「拯救地球，吃鼻屎吧」（Save the Planet, Eat a Booger）的專欄，以此憤怒的譏諷做結尾：

> 當前的事實是：一家公司把環保議題的回收鋁製號角吹得愈響，該營利組織對我們地球福祉的衝擊就愈大。近來滑雪公司把這麼多內部行銷的資源集中起來，傾全力讓世界明白這種偽裝成黏液吸收技術的拙劣生態模仿，也算是好事一樁[10]。

儘管這項行動略為提高了愛斯本滑雪公司的知名度，許多當地人士卻覺得此舉虛情假意、顯然只做表面工夫。我們自己都有問題了，豈有資格指責其他公司？更糟的是，不少人認為這只是愛斯本滑雪公司的宣傳技倆，不必做太多改變或努力便唾手可得的公關機會。公司內部也出現反對聲浪：當我們提議把愛斯本一條知名滑雪道的名字，從「金百利角落」換成別的時，資深員工氣憤極了（那個名稱保留下來了）。杯葛行動後，愛斯本的負面媒體形象延續了一年多，專欄作家一再拿它開刀。它被視為愛斯本公關方面的大災難，至少在當地是如此。

事實的確如此。但它也有另一層涵義：拒用金百利．克拉克產品是愛斯本公司當年所採取最重要、最具影響力的行動。

愛斯本滑雪公司一寄了封信給金百利．克拉克的執行長告知將參與杯葛行動，我們的執行長邁克．凱普蘭就收到金百利執行長的回信。金百利迅速召集高階主管〈包括環境事務副總裁肯恩．史翠斯納（Ken Strassner）〉，飛來這裡和我們商討金百利的工作。

他們爲什麼在乎呢？愛斯本滑雪公司一年頂多跟他們買三萬美元的產品，而金百利．克拉克是市值三百二十億的公司耶。

金百利在意的理由和 Ralph Lauren、Prada 及 LV 不計盈虧堅持要在愛斯本設店的理由如出一轍。因爲能見度高、名聲響亮，愛斯本能左右輿情。而且這個城鎮具有新聞價值。雖然杯葛不見得會成爲新聞，但愛斯本的參與會有人報導。

這次拒用行動，如同我們提出的法庭之友狀，也是愛斯本公司將槓桿策略化爲行動的例證。我們再次利用愛斯本的名號，以小公司之姿驅動巨大的變革。

當金百利過來和我們會商時，我明確告訴他們我不想聽到他們渲染他們的環保計劃。我已經在網路上讀過他們的資料了。可惜，接下來仍是一場極盡渲染的發表會。老實說，這些計劃令人印象深刻，而且爲了展現他們開闊的心胸，金百利團隊答應在會後，和自然資源保護協會及綠色和平坐下來談。會議開始後，我們感覺最主要的問題在於他們不願花時間應付環保社群，而這就是金百利．克拉克和喬治亞太平洋（Georgia Pacific）等企業的最大差異。我問他們爲什麼連開會討論都不肯。

一個高級主管漲紅著臉回答：「綠色和平霸占了我們的辦公室。你會跟入侵你辦公室的人協商嗎？」

答案當然是「毫無問題」。不然你要怎麼趕他們出去？對這些團體相應不理是源自一九五〇年代的對策。多數現代企業的標準作法是與之交鋒。事實上，愛斯本滑雪公司有一個行之有年的戰鬥策略：回到一九九八年，當時的執行長派特．歐唐諾吩咐我的前輩克里斯．藍恩（Chris Lane）找出我們在環保社群裡的頭號敵人。「誰眞的討厭我們？把名單給我。我一年要在小尼爾請他們四頓午餐。」目的不是在賄賂這些人士（雖然我常告訴那些團體：「這或許是你們這些垃圾工人一整年吃到最好的食物了」），而是和他們對話，給這些非營利組織的頭頭和政府領導人與執行長第一類接觸的機會，讓他們能直接表達他們的憂慮，且被聆聽，而我們也可以把他們當作免費的顧問團，先在他們身上測試構想，再發表新的計劃。

值得嘉許的是，金百利．克拉克眞的答應和自然資源保護協會及綠色和平會商。可惜，會談失敗了。但我們相信會談仍將繼續。最後，某些人口中愛斯本滑雪公司的「膽小鬼漂綠計劃」（craven act of greenwashing）有效運用了長期、持續且嚴肅的執行長級對話，影響了金百利．克拉克的商業行爲。

企業可彼此激勵，共創環保

一家公司可說有無窮的機會來拉動諸如此類的企業槓桿。當愛斯本滑雪公司需要添購價值二十五萬美元的新辦公室家具，我們開放給三家公司競標。在公開招標期間，我們詢問廠商能提供的東西、價格多少，以及他們的環保計劃爲何。三家廠商投標的價錢都差不多。我們分析了每家廠商的環保計劃，把合約給了環保工作最積極的公司：赫曼．米勒（Herman Miller）。

如果故事就此結束，會是則很棒的故事。一家公司因其環保立場獲得金錢上的回饋，也深受鼓舞（純粹出自獲利動機）而願意在環保方面更上層樓。但故事還沒完呢。我們收到一家未得標的家具製造商的便箋：「我們自認也非常環保，爲什麼我們沒有得標？」我們把分析結果寄給他們參考。於是，現在有另一家公司受到刺激，在環保之路向前邁進了——也是純爲獲利驅使。

這則故事說的是如何從外部驅動企業變革。但你要如何從內部著手呢？要如何向民眾、企業及政府領導人推廣永續經營呢？

註釋

1. 指企業做表面工夫維持環保形象，但其實並不環保。第九章將深入探討這個話題。
2. 費雪曼，二〇〇六年。
3. 羅森柏格（Rosenburg），二〇〇六年。
4. 柯博特，〈未改變的〉，二〇〇六年。
5. 麥基本，二〇〇七年。
6. 諾德豪斯和薛倫柏格，二〇〇七年。
7. 羅姆，〈「環境保護主義之死」之死〉，二〇〇七年。
8. 皇家殼牌石油，二〇〇一年，第二十二頁。
9. 韓森，二〇〇六年。
10. 馬洛特（Marolt），二〇〇七年。

第六章 永不凋零的永續性：創造持久的變革

「每個人都是人。」

——海地諺語

當你走進公共廁所，門通常是向內擺動，意思是你不必接觸那噁心、滿是病菌的握把——你也可以像侍者一樣，用腳或肩膀把門頂開。但換成要出來的時候，你就無法避免了。這不合邏輯啊。你也想雙手乾乾淨淨地離開廁所……而我們也不希望雙手骯髒的傢伙污染門把[1]。

爲什麼公共廁所不把門把裝在外面呢[2]？

答案一點也不複雜。因爲一直都是這樣。現狀就是人類的情況，廁所如是，商業行爲亦如是。因此，綠色革命的一大重點便是推廣永續經營，並致力將它實現。無論你應付的是愛斯本的屋主、物業管理師、企業領導人、政府，或是你的配偶，在某種程度上，你推銷永續經營的對象必須是實際上的「老闆」。但向他們推銷只是起點（假設你沒有被攆出去）。你需要更全面性的計劃讓你的環保方案落地生根，你要推廣它的經濟和公關優勢，並保證你的工作確實可行。我常用以下策略來推動永續性計劃，並確保其成效：

一、擬訂一個迷人的計劃：吸引領導階層的注意。

二、以經濟利益爲重點：根據計劃，讚揚綠化的純經濟效益——它有利可圖！在過程中，你必須拋棄一九七〇年代環保運動的遺毒，特別是你的道德高人一等的觀念。

三、鞏固計劃：採取若干步驟，確保你的永續工作本身持久不墜。也就是說，它能替公司賺錢嗎？如果不能，還有實行的價值嗎？行銷部門是否了解且能量化這些價值？努力爲你的部門建立長期、有組織的後盾，特別是員工及社區的支持，如此一來，即便公司遭受不景氣衝擊，你的部門也不會是第一個被裁的。協助領導階層了解只重視經濟是不夠的——不進行道德層面的革新，公司將陷入瓶頸，最好也能促使他們實施某些形式的任務宣示或指導原則。像朋友一樣對待基層員工並鼓勵他們投入，也是這項鞏固工作的要素。畢竟，你也是個基層員工。

四、建立夥伴關係：和政府、非營利組織和基金會合作，找出裝填火藥、起動保護氣候措施的辦法，善用這些機構的捐款和專門技術進行起初無法省下太多開銷，因而無法從內部提供資金的綠色計劃。

五、宣傳你的成就：沒什麼能比好的新聞報導和全國性的獎項更能鼓勵管理階層精益求精了。這也能協助推展環保運動。（這是第九章的主題）

當然，以上概述的策略只是「理論」。下面，我們將一觀現實世界的情景。

鉤住迷人的計劃

至少在降低碳排放的最前線，一家公司起動計劃的最佳方式是遵循藥商模式。先免費提供一點產品試用；當人們成癮，你便有長期顧客了。事實上，要將類似計劃帶進公司，最好的辦法是先讓計劃落實，接受他人的檢視，然後將出奇卓越的成效帶進管理階層。比方說，雖然尼爾的停車場改裝計劃執行起來難上加難，但最終的成果讓大家振奮不已。我們讓財務長開始接受投資報酬率百分之十二以上的節能更新計劃，較多數企業門檻利率低二十個百分點。但他會接受這個報酬率是因爲他了解獲利是囊中之物，且最終成品是高品質。另外，他也發現自己獲得大眾「支持積極環保工作」的好評。他甚至獲邀領取一個獎項。這不是精打細算的財務人員常能獲得的榮耀，而這份榮耀令人沉醉。

這種方法──在你實行全面性的計劃之前，先設計一套迷人而節省成本的計劃──與關乎企業變革的傳統智慧背道而馳。一般認爲，如果你不先融入公司文化，勢必會碰上我們在尼爾遭遇的阻礙。但我不同意。如果你從建立長期文化變革計劃著手，你馬上就會碰到這種情況：人們紛紛質問，高階部門那個搞環保的傢伙是在幹什麼……公司是花錢找他來做什麼的？當你對唐尼說：「我們在打文化變革的基礎，」他會一邊用眼皮沉重的雙眼望著你，一邊慢慢、深深地吸一口他的駱駝牌香煙。

說個題外話，請記得，身爲氣候及能源怪胎的你覺得迷人的東西，不見得會獲得你接觸對象的青睞。例如：我一個環保興頭正熱的朋友，偷偷用第一代的節能日光燈泡替換廚房裡的所有嵌燈。而他的妻子一走入廚房，便叫他把那些燈換掉。以這個例子來說，不僅夫婦兩人對「迷人」的認知有一段差距，或許我的朋友也該把基礎工作做得更好一些，比如送一束花啦，或搞個燭光晚餐之類的。

儘管如此，在第一份迷人的計劃之上，你仍必須向你的妻子或高階主管推銷實行全面性永續企業策略，或更集中之能源及氣候工作的好處。

推銷綠色商業行為

這場叫賣已眾所皆知、簡單明瞭。許多利益都與永續性的商業行爲有關，最基本的就是節省成本和提升形象。有些工作或許相當棘手，但仍有充分的理由去做。貴公司將更有效率，因而更有競爭力。你會得到回饋，就算不必然非常豐碩。如果我們希望氣候問題還有解決的希望，就必須緊纏著這些問題不放。

實施全面性綠色商業活動的好處及理由概述如下：

永續性企業的情況

- 提高能源效率造就的成本節約。
- 風險降低（如水洗式零件清洗機不會製造有毒廢棄物，因此不必接受規範，也不會有挨罰之虞）。
- 改善社區關係，使計劃更容易通行。
- 道德義務（做這件事是對的）。
- 支持所有權的價值。
- 減輕法律責任。
- 大部分聰明而管理良善的公司都在做了（如奇異、3M、豐田、星巴克、沃爾瑪、聯邦快遞、Kinko's、史泰博（Staples）等等）。
- 吸引及留住員工（冬季會來滑雪度假村的年輕小夥子通常滿懷理想，特別想替合乎道德的公司效力）。
- 策略性的願景（例如，考量未來與碳排放有關的規範會對公司產生何種衝擊，又可能如何影響旅遊、利潤率和員工層面等事物）。

- 更好的產品（綠設計通常是好的設計）。
- 更好的管理（追求永續經營的公司一定會精確測量自然資源的使用量，這便是杜絕浪費、提升效率的機會）。
- 市場區隔及品牌定位（綠化是讓產品在類似品項中脫穎而出的一種方式）。
- 免費的公關與行銷——貴公司的免費報導！

那麼，這種推銷在眞實世界呈現何種面貌，結果又是如何？一開始，推銷通常著眼於經濟方面：節能與省錢。範圍甚至可以縮得更小，僅限於高投資報酬率的計劃；如有必要，投資報酬率的門檻可以設得非常非常高。策略上，要打入一家非常謹愼的企業，這是個不錯的方式。

以下是一封由一位環境部經理寄給管理團隊的眞實電子郵件，大力向公司推廣有利可圖的氣候方案。這是多年來我所見過相當好的一個推銷實例。請注意，他完全把焦點擺在能源、碳管理以及高投資報酬率上。這份備忘錄已經過編輯確保匿名，也只保留最關鍵的部分。

收件者：管理團隊
寄件者：能源英雄
主旨：減少各事業單位的能源用量及成本
爲協助建構明天會議期間的談話，以下是一些能驅動公司前進的選擇。

要前進就非做不可的決定

爲了於往後數個月至數年在這個領域獲得最大的進展，高級管理團隊必須釐清能源工作的目標並取得共識，而這些目標——及它們的重要性——必須對每個事業單位的主管說明清楚。

我們最廣泛且重要的目標顯然是減少能源使用以同時降低能源支出，以及各事業單位對環境的衝擊。我們還可以訂立更明確的目標：爲獨資事業單位建立能源使用和碳排放的基線，並在未來一至三年大幅縮減。

我們建議先將焦點投注於節省能源而有高財務報酬的措施，近期內不必選擇那些成本多於獲利的措施。若考慮到能源商品的價格變動劇烈且節節高漲，這個焦點就確爲明智之舉。

這份備忘錄幾乎不容質疑，不論你是什麼出身的——尤其它建議節能行動投資報酬率的門檻可設在百分之百。然後，在我本身十多年來寫過類似的信、或親自向各級主管報告類似資訊的經驗之中，我見到一種一致得令人驚奇的反應，那包含以下種種顧慮：

- 我們無意「走環保的路」。麻地毯或竹地板與我們獲利取向的企業使命無關。
- 環保與管理是兩碼子事；就連節能與管理也是兩碼子事。綠色計劃不是我的職責——製造商品才是——而正因它會耽誤核心工作，這樣逼迫主管是不恰當的。
- 效率是好事，但市場已經注意到了。

往往，我們明明在跟主管聊「能源」和「高投資報酬率」，他們仍會聽到「環保」兩個字。這是因爲他們認爲那才是談話的主題，既然我們的職銜常帶著「環境」的字眼。這在環保發展史上是相當合理的回應，這些歷史也間接鼓勵主管馬上把備忘錄的作者歸爲一類——就因爲他的身分及信件主旨。我猜許多替環保官員送節能宣傳信的人都會聽到：「精油、勃肯鞋、毛茸茸的胳肢窩。街頭抗議群眾叫你扔掉你的車、洗冷水澡、砸爛電視、使用不良照明或根本不用。」何況一般環境部經理老是一副目中無人、大義凜然，似乎與企業背景完全格格不入的樣子。這些回應都是可以理解的，但他們錯失了公開討論的機會。

許多商人都說他們不希望「綠色」議題干擾定義爲驅動獲利的「管理」。說得有理。只不過我歷來推動的計劃皆是全然獲利取向——說來可笑！問題就出在他們沒那麼順利。（或許我不該再戴念珠或穿紮染的衣服了？）

還有一個反應也很常見，就是聲稱：最有效率的措施一定已經在做了，因爲市場的無形之手一定不會放過這些獲利豐厚的機會。這與艾摩利．洛文斯（Amory Lovins）愛說的一個笑話有異曲同工之妙：一個經濟學家與他的孫女同行，女孩兒看到地上有一萬美元的大鈔，她想撿起來，但經濟學家說：「別費心了，如果那些是眞鈔，早就被人撿起來了。」如我們所見，企業裡一直存在著許多障礙阻止企業省錢，就算那是地上唾手可得的一萬美元。事實上，企業有很多好理由不去撿那些鈔票，其中很常聽到是：在撿這些錢的同時，你或許可藉由銷售產品賺到十萬美元。綜觀歷史，企業本身確實是賺錢的組織，而非省錢的機制。

儘管如此，相信仍有人不解這種誤解何以發生得如此頻繁。我們推銷的明明是「賺錢的投資」，爲何到經理人耳裡會變成「嬉皮的無稽之談」？簡單地說，這是因爲一九七〇年代的遺毒殘留到今天的環保運動。那遺毒影響了現今民眾對於環保人士，以及其奮戰態度的認知。

化解一九七〇年代的遺毒

在某個程度上，講究實際、分工合作且關注氣候的現代環保思維全身的筋脈，被過去激烈、排他、不理性而見樹不見林的環保主義給挑斷了。我和一些同業的工作常被叫成「抱樹的」，而這個標籤帶給我們相當艱鉅的挑戰。一九九七年，我赴聖大菲參加瑞典的永續運動組織「自然步驟」（Natural Step）於美國展開的第一場密集訓練。與會者都是社會中堅的商人、科學家和一些核心「環保人士」。最後，一位女性站起來說：「我每天都在爲地球哭泣」，接著便淚如雨下。那可把我給嚇壞了。我心裡想，得趕快把這女人趕出房間，逐出環保運動。如果給世人看到她這副德行，我的工作將難做很多，因爲人們會以爲所有環保人士都是像她這樣的瘋子。顯然，到目前爲止，的確很多人如此。

許多聰明而有成就的商人都對以往的環保運動倒盡胃口。矽谷晶片製造商賽普拉斯半導體（Cypress Semiconductor Corporation）的總裁兼執行長T．J．羅傑斯（T. J. Rogers）即爲一例。他也是美國太陽能面板主要製造商太陽力（SunPower）的董事長。

羅傑斯這麼告訴《財星》雜誌：對全球暖化態度最激進的那個團體，在我看來是世界最糟糕的一群人。我對他們厭惡到連他們客觀陳述的話都聽不進去。[3]」而說這句話的人在再生能源及節能技術的發展上，付出的可遠比多數人都多。他稱呼大部分的環保人士為「得了強迫症的烏托邦主義者」——他們強迫公司和個人去做那些他們認為對地球有益的事情[4]。

羅傑主張：「環保主義應是一門以蒐集而得的統計資料與分析主導決策的科學。此時此刻，特別是政府與大學領域，我所見到的環保主義幾乎如同世俗的宗教，用沒有事實根據的一套信仰來招攬知識分子和道德崇高的崇拜者……聖環保教徒啓蒙運動的終極狀態便是建立以下共識：人類都是邪惡而齷齪的，他們只會污染和毀壞美好的事物，也就是環境。[5]」

哎呀。這可不是七〇年代的遺毒嗎！事實上，舊日環保運動就是羅傑斯描述的這個樣子，迄今仍在許多領域枝繁葉茂。最近一次我在搭飛機時，隔壁坐著一位來自俄亥俄州的老太太，她問我是做什麼的。我一告訴她，她便說：「噢，你是環保主義者。」

想到那個每天為地球掩面哭泣的女人，我連忙否認：「噢，不是……其實不是這樣……我的意思是，不是您所想的那樣，那個名詞不能涵蓋一切。」那位老太太腦海閃過的畫面和那位經理一模一樣：正氣凜然、蓬頭垢面的街頭抗議份子呼籲禁止商業行爲和徹底降低你的生活品質，甚至減少人口。我告訴這位老太太我眞的只把自己當成生意人，僅此而已。然而，就算在我談生意的時候，人們仍以對環保的刻板印象看待我：住在森林裡滿臉鬍子的老頭、自然主義者、激進份子。每天都有人叫我「抱樹的」。

在我請營運長約翰・諾頓踩腳踏車來向高階主管報告之後，一位主管走來跟我說：「告訴我山獅的事……下次開會我想要了解山獅的事情。」我目瞪口呆。他還不如叫我報告就我所知與獅子有關的後印象派繪畫。但在一般人的心目中，環境部門的角色就是教導管理階層諸如山獅之類的知識。如果我想成功，就得迅速改變這種觀念。

道德必須扮演要角

以道德爲基礎的七〇年代環保運動本身並沒有錯，錯的是它的呈現方式；它聒噪刺耳，不吸引人，讓整個世代的商人倒盡胃口。其實，企業永續經營工作必須具備道德層面，因爲不是每個障礙都可以用投資報酬率克服。但我說的不是「我比你高尚」或「你是壞蛋」等毀滅性的說教，而是純粹的道德：簡單、傳統的價值，如誠實、尊重、愛護大自然。我說的是企業必須具備「做正確的事情」的觀念。

前文討論過，如果說不出來龍去脈、提不出更廣泛的環保使命，空洞的經濟推銷法或許無法讓經理人理解。面對重重阻礙，如果你只有經濟一種工具，要在貴公司實行永續工作不是滯礙難行，就是會引發「刮脂」效應——只有利潤最高的項目會被實行，其餘一概遭拒。

這是企業的確切危機，而事實上它可能是系統設定。如前文所討論，只進行數項甚至多項有利可圖的綠化工作，一家公司可節省開支，贏得極佳的環保名聲，但絕對無法將二氧化碳排放降低百分之八十至九十，達到欲解決氣候問題必須落實的標準。

然而多數非政府組織遊說業界的論點皆出於純經濟考量，因此勢必會導向這種結果。我本人也是非營利組織出身，一開始也以這種方式迎接挑戰。

就在愛斯本滑雪公司建完美國第一批獲得認證的「綠建築」——位於愛斯本山的陽光甲板餐廳（Sundeck Restaurant）後不久，我同執行長派特．歐唐諾一起召開記者會接受提問。忠於綠建築路線（認為具環境責任的建築有益經濟發展）的我扭曲事實，告訴滿場的記者：「這棟大樓的許多綠元素非但不會增加成本，還能提升建築品質。其他工法成本較高，但很快就能回收。綠建築是一種穩健的投資，因為你可以在幾乎沒有額外成本的情況下創造較好的產品，同時享有長期的健康及財務利益。」

派特的答覆和我截然不同。「我們這麼做是因爲這是正確的事情，」他說：「這讓我們多花數十萬美元，但管理階層和股東一致同意，基於我們的指導原則，以及我們價值導向的事業，這是我們該做的事。」派特這番話把我嚇壞了——它完全違背永續經營運動的既有教義，也把道德嵌入我相信至少在大眾面前應完全採取經濟論點的說詞之中。我擔心，提到增加成本（即使成本確實增加了）會傷害整體的綠建築運動。事實上，我覺得在成本這件事上或許撒個謊比較好，不然就選擇迴避，不要提及。

而這整起事件最糟的是，派特是對的。

沒有道德授命，你無法在綠色事業領域成爲領導人。爲什麼？因爲在眞實世界中，多數管理團隊只會接受能保證獲利的環保措施。再重複一次：要是永續經營便宜又容易，各家公司早就做到了。問題就出在它有其根本上的難度，而且往往所費不貲。它不必然有財務上的投資報酬率（雖然多數專家聲稱如此），就算有，或許也遠不及許多財務長能接受的程度。何況，就定義而言，企業只有一個焦點：獲利和股東報酬。因此，短期內會折損股東價值的環保工作往往胎死腹中。要維護制定道德決策的能力，許多永續經營的領導企業必須維持私人經營的方式，如巴塔哥尼亞，或者從股東制回復私人經營的方式，如李維牛仔褲（Levi Strauss & Co.）。

我們在第三章中看到，我建議尼爾飯店進行的翻新工程，純粹出於經濟上的考量。但若非我們執行長大力推動，那也不可能實現。他了解，除了投資報酬率，我們還有更深切的理由做這件事。雖然那則故事呈現的規模不大，但這種適用於市值數十億企業的做事原則，同樣適用於滑雪度假村。

以較大的規模來看，企業美國的綠能經驗也證明有些最重要的環保措施是無法回本的，至少乍看下是如此。對多數組織來說，能源使用在其環境足跡中占有最大的分量。因此，諸如購買風力發電之類的計劃，是企業所能提出最引人注目的環保訴求之一。但你不能以經濟論點來討論這件事——它的成本一定比較高，尤其如果你和多數公司一樣，是買風力信用額度（wind credits）而非直接動力的話。早期，購買風力額度是一種相當積極的作為。具環保意識的公司向來願意付更多錢。早在事實證明購買風力能源能在公關方面提供豐沛投資報酬之前，它們就如此了（這種體認反倒腐蝕了潔淨能源產業，而造就了半詐欺的再生能源額度產業，第七章有詳盡討論）。這些公司必須離開投資報酬率的框架，而框架外面就是道德。

我們可以這麼說：除非一家公司有出於道德而非經濟的使命感，永續經營不可能實現。經濟將引領你走一段路，但也將讓你原地打轉，永遠到不了終點。

一旦推銷失敗

撇開道德，有時你必須「贏得難看」。或者，一如奧克蘭突擊者隊（Oakland Raiders）艾爾．戴維斯（Al Davis）的名言，有時你必須「只求勝利，寶貝」。爲達目的不擇手段。要克服文化阻礙通常只有一種方式：等待當權者消失，不論是離開公司、被開除、退休，或去世。

當我們試著把路線圖和行銷用紙的原料從白紙改成消費後再生紙時，就經歷這樣的事情。多數行銷資料（印了數十萬件）都用白紙印還敢自稱綠色企業，看來多虛僞。把東西印在高級再生紙上，我們可以轉危（使用大量能源印一大堆最後都是垃圾的東西）爲安：我們購買再生紙，就是在支持廢棄物回收的市場。

但那時當我向行銷部經理提出這個建議時，她簡單地回答：

「不好。」

再生紙，她說，看起來好髒。更糟的是，如果你用再生紙印路線圖，一旦弄濕，「紙會皺巴巴的。而且不管怎麼說——這裡是愛斯本。我們要印精美又有光澤的手冊。再生紙是行不通的。我們不想讓我們印的東西看起來像超市的褐色紙袋。」當時我覺得她的話很荒謬。再生紙會皺完全是她的想像，就像有人說日光燈不省電一樣。但她的個性強硬，絕不會讓步。我怎麼解決？沒什麼巧妙、厲害、光采甚至有智慧的辦法。就等她離開公司再試。她被撤換了，位置先後由兩位心胸開闊的女性取代（她們的先生偶爾會跟我喝個兩杯）。所以，現在愛斯本滑雪公司用百分之百的再生紙印刷。行銷資料清楚、乾淨又美觀，路線圖就算埋在雪中也不會皺。

漣漪效應

就連再生紙也代表了一種「新技術」，而事實是，被新事物燒傷的機會在企業間無所不在。一個好例子：免水便斗。

那在我聽來是個好主意。二〇〇〇年時，免水便斗還是種相當新的技術，但也是前景看好的技術。那代表一種可將用水量減爲零，服務又不打折的罕見機會。畢竟，我在向高階主管提出這個構想時問：「有誰上完後會沖水呢？」（小尼爾飯店的總經理，也是我的朋友艾瑞克・寇德隆回答：「我會。我爸媽把我教得很好。」）

有效率地用水是永續經營這個謎團的一大要素，且重要性與日俱增。它也是一種順應氣候變遷的作爲——由於整個系統已開始暖化，而這幾乎可與供水短缺畫上等號，因此我們一部分的氣候策略必須聚焦於其因應之道。

令人意外的是，安裝設備這件事很難做得比其他例行事務好；自實施《一九九四年能源政策法案》（Energy Policy Act of 1994）後，所有新的馬桶、便斗和蓮蓬頭都必須符合嚴格的能源規定。（當你聽到人們自誇他們的建築很環保——它們有「低流量」或「高效能」的設備——時，請記得這點：他們通常只是在安裝時遵從法律罷了。）

我們決定在豐雪俱樂部（Snowmass Club）試用免水便斗。我買了市面上最好的機種，由我們的維修人員安裝。如果成效不錯，再更換全公司的便斗。

當時的執行長派特・歐唐諾會去豐雪俱樂部做晨間運動，五點左右先做一小時的心肺有氧，然後做重量訓練。所以他會是率先見到，或許也會試用新便斗的人士之一。

某天一大清早，當我抵達公司之際，派特在辦公室裡隔著玻璃揮手要我進去。

「奧登，」他說。「今天早上我有去健身，也尿在免水便斗裡面了。」

「哦？」我說。

「是啊。它會發臭，而且底部有一些化石一樣的殘留物，挺噁心的。我下個星期要去度假，等我回來的時候，我不想再見到那個東西。」

我們把便斗拔掉了。沒什麼大不了的，不是嗎？我們會換另一種試試，而科技會進步，我們會有更新、更好的產品。畢竟，這種技術才在起步階段。

錯了。事情很大條。

隔了一陣子，我向某些維修人員提議試試另一種機種。派特一聽到風聲便說：「除非踏過我的屍體。」他發誓，在他任內我們休想改用免水便斗。這話可是出自公司的環保夢想家，率先推動環保計劃的男人之口。更糟的是，免水便斗的構想後來成為公司的一大笑柄。例如：「嘿，奧登，最近有沒有其他傑出的計劃呀？像免水便斗之類的？」

今天，免水便斗已廣為使用──連艾爾塔（Alta）和雪鳥（Snowbird）等其他滑雪度假村也用了──沒有味道，也沒有「化石般的殘留物」。事實上，四鑽級的華盛頓洲際飯店（Washington Intercontinental）──獲《旅遊休閒》（Travel + Leisure）雜誌票選為華盛頓特區最好的飯店及全球前五大優質飯店──也在公共區安裝了這種便斗。這家飯店甚至在二〇〇六年贏得《商務旅行》（Executive Traveler）雜誌頒發的最佳衛浴獎。但在我們首次實驗的五年後，豐雪俱樂部仍然使用沖水式便斗。

這件事帶給我們的教訓是：如果你是採用某項新技術的先驅而計劃並不成功，你已經把未來一切計劃的燃料燒光了。長期來看，如果日後專案經理不願承擔類似計劃的風險（有時根本沒有風險，只是他們覺得有風險），一項綠色計劃或許會造成反效果。這種漣漪效應是必須盡可能避免的東西。正如免水便斗的例子，福星不會一直高照。

這個故事的重點是在證明，世間任何事情，我們都有足以解決問題的技術。問題總是出在人性，可能是行爲，可能是文化。因此，解決氣候變遷的藝術與科學便在於解除這些障礙，並在其周邊尋找其他路徑。

所以，你要怎麼越過這些人性的障礙呢？

一定要百折不撓

我們還有一個在與尼爾同級的規模實施大型停車場照明計劃的機會——這一次是從零開始：爲豐雪度假村規劃有八百個車位的地下停車場。當我在設計階段提議使用尼爾安裝的那種節能照明時，我們雇用的工程人員提出了一個我前所未聞，不要使用節能照明的理由。

「奧克蘭一間停車場有惡徒拿球棒砸毀所有裝置，然後攻擊人。」

「嗯……豐雪不比奧克蘭，但球棒能砸毀任何一種裝置不是嗎？」

「呃……是啦。但你還是不會想用那種裝置。用了那種燈泡，你就不能用高壓水柱清洗停車場的天花板了。」

「人類史上有人用高壓水柱清洗停車場的天花板嗎？」

「沒有。」

這段對話對我來說是個「啊哈，原來如此！」的時刻。這些傢伙根本不想用不一樣的燈泡。僅此而已。純粹就是不想改變罷了。

除了咬緊牙關、堅忍不拔，沒有其他祕方能幫你熬過這種抗拒。但光是了解這個道理本身，就是一種啓蒙性思考。爲什麼？因爲沒有哪項訓練內容、哪份文獻、哪位顧問或哪個政府單位會告訴你，對於永續經營，「你一定要百折不撓——你要做一隻牛頭犬。」你不會聽到哪位顧問說：「沒有別的路走——你必須打倒這些傢伙，或是撐得比他們久。隨身帶著美式足球的頭盔和戰斧吧。」但事實如此。

這就是爲什麼最出色的環保計劃倡議者會長得比較像賞金獵人（Dog the Bounty Hunter）而非賽先生（Mr. Science）。對我來說，打贏類似戰役的模範〔而我們確實贏了這場戰役——現在這座停車場裡有超省電的陶瓷複金屬燈（ceramic metal halide）了〕是一九八三年美國網球公開賽的吉米．康諾斯（Jimmy Connors）。儘管痢疾迫使他多次離開球場去上洗手間，他還是贏得錦標。「那不像之前幾場決賽贏得那麼漂亮，」康諾斯在同年九月告訴《基督教科學箴言報》（Christian Science Monitor）的羅斯．艾特金

（Ross Atkin）：「或許也不是最好看的一場比賽，但我還是做到了。」

這就是你需要的堅毅。技術是在的，欠缺的是意志力。

與基層人員友好

如果你可以取信於高階管理團隊，卻說服不了基層部隊，那你就跟沒有開始一樣。所以你要怎麼在基層推展呢？一如愛斯本滑雪公司的多數環保計劃，建議讓剷雪車使用生質柴油的構想來自一名基層員工——製雪部門的三十年老鳥萊爾．奧立佛（Lyle Oliver）。上了年紀的萊爾一板一眼、正經八百，穿著他的無皮帶式李維工作服。一天他來找我，說：「如果你認爲你很環保，那一定要用這個。」然後他拿了一篇《丹佛郵報》的報導給我看，內容就在講某種叫生質柴油的玩意兒。

我仔細讀了。生質柴油就是柴油——效用和一般柴油燃料一樣——但它的原料是大豆和菜籽等農作物。在愛斯本，空氣品質是重大議題。雖然我們的測量結果顯示愛斯本山頂是美國最乾淨的地方之一，但柴油公車、卡車和剷雪車加班行駛的山谷底下，歷年來的空氣品質卻一直連環保局最低標準都未能符合。

當我們詳加檢視整個度假村對環境的衝擊，才發現我們每年要燃燒二十六萬加侖的柴油，其中大部分來自剷雪車，而這就成了地方空氣品質問題的主因。

你沒辦法像購買油電混合動力車那樣買一部更節省燃料的剷雪車——你頂多只能買目前市面上最好的機型。因此在缺乏節能選項下，我們決定將目標鎖定在燃料上。於是，我再次召集車輛技師到房裡開會。

場景依然如故。我西裝筆挺，他們穿著髒兮兮的工作服。所有最重要的技師都跟唐尼一樣。這是會傳染的。我管他們叫「唐尼們」。我對剷雪車的了解非常有限，而他們不僅對雪車知之甚詳，也深諳所有機械原裡。

當我提出用薯條油做爲剷雪車燃料的構想時（你也可以用薯條油製造生質柴油），他們把我當笑匠皮威．霍曼（Pee Wee Herman）看待——一個惹人討厭，對他們的工作毫無所悉的怪胎。我則把他們視爲老是一臉懷疑的怪頭T先生（譯註，《天龍特攻隊》影集裡的Mr. T）——暴躁、心胸狹隘、冥頑不靈。可想而知，他們最初的回應是：「不要」。

公司前線員工與高級白領主管之間往往存在著某種信任問題。這種缺乏信任的情況來自藍領和白領的歧異，而這只是因爲他們沒有一起出去玩，或是雙方都不很了解彼此。問題在於：管理階層了解許多事情非做不可，是因爲背後有一些理論和方向，但唯有工廠裡的同仁才知道如何實現。僵局於焉形成，而如果我們想向前邁進，突破僵局——同樣地，要解決文化，而非技術問題——當然至關重要。我們也必須了解這種歧異的本質，這樣才有辦法解決它。

我們很容易對技師產生刻板印象——他們教育程度低、不學無術。他們不在乎環境，因爲他們愚蠢。這是許多環保主義人士看到別人不明白他們存在目的時的直覺反應。但讓我們探究得更深入一些。

愛斯本滑雪公司的剷雪車技師不是沒受教育、不學無術的人，他們個個聰明機靈、技術高超。他們在剷雪車及其他車輛方面有數十年的經驗，知道什麼可行，什麼不可行。剷雪車一部要二、三十萬美元，剷雪車停工，就代表滑雪道無法保持光鮮亮麗，這樣會讓客人不高興——所以讓剷雪車保持運作十分重要。技師們沒有嘗試新東西的誘因，是因爲他們已經知道什麼可行。如果他們一直對走進工廠的新環保「大學男孩」所提的每一個構想都說「好」，他們早就丟掉工作了。對於生質柴油，他們的心裡或許這麼想像：

「奧登，我們把剷雪機加了薯條油，然後它們掛了。我們價值二十五萬的剷雪艦隊整支都掛了。我們昨晚沒辦法清理雪坡，所以客人不爽，我老闆也很不爽。很多客人都很不爽。而我得清晨三點起床修理我們的設備，外面不到二十度（攝氏零下六度）。」

「嗯，唐尼，那眞的非常不幸。可是，哎呀，我又不是技師，我學的是生物。這我可能幫不上忙……我眞的很抱歉！」

現在，讓我想像一下，唐尼的人生除了綠色聖戰之外，還有其他事要煩惱——例如，他或許揹了壓得他喘不過氣的房貸（很可能在愛斯本或其市郊），或者有小孩在唸大學。或許有家人生病，有剩餘債務，或者其他不爲人知之事。當唐尼做了他心目中對的事情來保護公司和他的工作，他不是對環保心存懷疑，而是講究實際，做一名好員工應爲的事。

儘管如此，生質柴油是個好構想。問題不在生質柴油，而是在彼此的信任。我要怎麼打破藍白領之間的藩籬，進入剷雪車技師的信任圈呢？

一天，當我走在工廠四周，檢查危險廢棄物的存放位置，滿懷期望地看著一部新的水洗式零件清洗機時，眼角瞄到了某樣東西。那看來像一把大十字弓，有一輛汽車般的大小，還以愛斯本的樹葉標誌做裝飾。

我漫不經心地問唐尼那是什麼。

「噢，那是我們的甜瓜發射器。每年這個季節結束時我們都會參加年度滑雪區車輛技術會議。最後一天我們會去一大片原野吃烤肉串，然後比賽誰可以把甜瓜射得最遠。規則是你不可以使用壓縮氣體——只能用彈簧和金屬。」

我把發射器畫下來。

隔天一早我在八點左右經過派特的辦公室。那時派特已經到了三個小時，健身完畢了。我把畫了甜瓜發射器的那張紙拿出來，貼在玻璃上。派特看到了，揮手叫我進去。

「那是什麼鬼東西？」派特跟平凡男人一樣，對一切富有軍人主義色彩的東西深深著迷：火炮、火箭發射器、大彈弓。

「甜瓜發射器。可以把格陵河的羅馬甜瓜射到兩百五十碼之遠。每年我們的車廠都會做這些玩意兒和其他滑雪度假村比賽。去年我們敗給布瑞肯利吉。」

派特站起來。「我們明年一定要贏回來。我們非贏不可。」

於是，派特「全場緊迫盯人」，要研發出更好、更大、更強的南瓜發射器。現在每天車廠都在我們行政大樓外面的超大停車場發射甜瓜。投入這個機械的時間長達數十小時。預算無上限。

最後，他們打造了一隻機械支臂，讓技師把羅馬甜瓜放在支臂尾端。在多次測試中，發射器的力道是那麼地強，而甜瓜是那麼地軟，以至於當他們一扣扳機，「彈藥」

便當場灰飛煙滅。我們再次敗給布瑞肯利吉，而同年夏天派特下令中止研發，因爲它預備接下車廠其他的任務。

但研發甜瓜發射器的結果是，我跟那些技師雖然還稱不上朋友，但也對彼此更了解。我們之間產生了某種程度的信任。我知道那些技師既非不學無術也非冥頑不靈；他們也了解我不是只會做白日夢、一無所知又不切實際的大學男孩（至少不全然如此）。最後——在最早提出生質柴油的萊爾·奧立佛滿懷怨恨地退休後，我們在所有剷雪車的燃料中混入百分之二十的生質柴油。我們循序漸進——一開始先在最小的山丘做測試，一年後再用於氣候更冷的愛斯本山，以便測試燃料在天寒地凍下膠化的情況，最後才全面應用於我們所有的山丘。

這不是一種毫無瑕疵的產品，我們曾經濾網堵塞，燃料槽裡也滋生細菌，但我們已將問題解決，而且讓其他度假中心和當地的運輸系統跟隨我們的腳步。公司和技師終於就這個議題達成協議，一些最暴躁的剷雪車駕駛甚至拿它開玩笑。（生質柴油爲愛斯本滑雪公司在公關上博得相當好的名聲。但二〇〇八年發生了兩件事。首先，新的聯邦法規上路，要求所有柴油引擎符合嚴格的新標準，而較乾淨的柴油引擎比生質柴油效果更好。其次，生質燃料熱潮使生質柴油的價格飆漲；在此同時，新的研究顯示生質柴油對地球或許不那麼好。眼見這項產品不再有任何明顯的益處，我們遂停止使用。於是這件事就這麼落幕。）

最近，其中一位駕駛馬克・葛瑞塞特（Mark Gressett）在一場季前滑雪特賣會上跟我打招呼。他喜歡穿T恤然後把袖子剪掉，吃巧克力、喝汽水，罵人的功力遠勝於我認識的任何人。他不必什麼挑釁就能連珠砲似地轟出一大段咒罵，其中大多與別人的母親有關，以只能用藝術來形容的方式串連起來。他也是個一流的挖土機駕駛，美國最好的「技工」之一，也是剷雪車精確維修比賽的常勝軍。我曾見過他用牙齒咬掉挖土機上棒球大小的石子。在會議上，葛瑞塞特過來找我，把手放在我肩膀上，說：「啊，奧登，我花了一整個夏天燃燒那種第一名的柴油。天啊，我愛死那種第一名的柴油了。」（第一名，最高級，最貴的柴油，當然不是生質柴油。）

我往下一看，看到他另一隻手伸出中指，指著我的臉。一如往常，他全身散發柴油的味道。我抬頭望著他的眼，它們全皺成一團，頑皮地閃爍著。

然後他按按我的肩膀，拍拍我，露齒而笑。這傢伙已成了我的朋友。

讓永續經營措施長長久久

要向管理階層（及工作人員）推銷永續經營措施最困難之處，在於這種計劃一般會被視爲公司的成本中心。因此，企業永續經營工作最不長久的一環，負責這些計劃的部門或計劃本身，往往是經濟衰退時，或是領導核心異動後第一個被裁的對象。

不幸的是，環保向來被視爲一種奢侈，某種有錢才能做的事。在我於愛斯本滑雪公司任職期間，我親眼見到比恩（L.L. Bean）、諾德斯壯（Nordstrom）和勃肯鞋（Birkenstock）等公司的環保職務遭到裁撤，基本上都是基於財務因素。

如果一直處於被廢除的危險——就算不是現在，未來幾年也有可能——永續工作要如何永續呢？在愛斯本滑雪公司，我們開始接到許多請求幫忙、給予建議和指導的電話。我們明白我們沒辦法一邊回應這些要求，一邊繼續做我們自己的事，但很明顯的是，具備實務經驗的永續經營顧問，是可以有一席之地的。我們成立了一家顧問公司來回應這些請求。我們的想法是，如果一向被視爲公司負擔的環境部門能成爲利潤中心，那麼這個部門——以及公司內的永續性措施——就眞的能長長久久了。

諷刺的是，這個新的企業部門——以及新的營收來源——本身就是一座防禦氣候變遷的籬笆。如果滑雪還能進行一百年，或許我們該耕耘這個部門，以及我們的經驗與專業，等到以雪爲基礎的經營模式完成之際，在二一〇〇年，我們就是一家有麥肯錫規模、羽翼豐壯的環境顧問公司了，只是「愛斯本滑雪公司」這個名稱比較奇怪而已。當滑雪愈來愈不可行，或許教人「如何避免重蹈滑雪產業的命運」的生意將愈來愈可行。

我們的方法並非獨一無二。在愛斯本滑雪公司的環境部門建立顧問事業的同時，分界面公司（Interface）——或許是永續工作領導執行者的地毯製造商——的吉姆．哈茲菲德（Jim Hartzfeld）也在那裡展開類似事業。吉姆從忙得不可開交變成忙得亂七八糟。儘管他的目標是分享資訊、賺錢及拓展企業永續經營運動，他的貢獻也讓他的部門成爲公司不可或缺的一環。分界面公司或許會一直製造地毯，但如果哪天它的顧問事業更加出名，也別意外。

要確保一家公司的環境部門能永續維持，成爲利潤中心只是諸多辦法之一。在愛斯本，我想你可以這麼說：我們的環境方案深受員工及社群歡迎（員工以它們爲榮，而許多社群覺得它們有趣、啓發人心又充滿希望），因此不可能廢除。一旦廢除，社群和員工的憤怒將排山倒海而來。

不管綠色工作是否得到營收、獲利、公關或道德的背書，關鍵在於它最終要能被視爲一件不只是「如果有也不錯」的東西。它必須被視爲無價之寶，因爲事實如此。

採取措施，促進節能

亞里斯多德認爲我們可以藉由練習美德來變得高尚[6]。哲學家彼得・辛格（Peter Singer）以捐血者爲例來闡釋這項原則。研究人員以多倫多大學的一份研究爲基礎，證明第一次捐血通常是由外來事件所啓發，例如朋友的慫恿。但往後的捐血便逐漸受到社會責任感或道德義務所驅使。於是從某個時候開始，這個行爲成了習慣：「我一直在做。」人類就是這樣行事的：他們培養習慣，而習慣很難改變。有時它需要外來事件做爲導火線。

要驅使企業針對氣候變遷採取行動，我覺得有一門課值得學習。如果我們能讓減少排放成爲企業的習慣——甚至成癮，我們便是往解決氣候問題的終點邁進一大步。但該怎麼做呢？許多非營利組織都在嘗試，但成效有限。有鑑於能源基礎建設的規模和壽命，以及可預期的經濟和人口成長率，氣候挑戰可比緊急級數五的火警。但如我先前所言，我們都是水中的魚，企業也不例外：雖然他們在能源裡游泳，卻看不見它，看不見潛在的節約和減少排放的方式。

政府或非政府組織建議企業採用的溫室氣體減少排放計劃大多存在著一個問題：這些計劃大多不出提供技術援助——「指引式的資訊」——然後讓企業帶球前進。他們也仰賴自願承諾或會員制度等相關帶有強迫意味的手段。

舉例來說，世界野生動物基金會之拯救氣候計劃（The World Wildlife Fund Climate Savers Program）和皮優全球氣候變遷中心（Pew Center on Global Climate Change）就提供企業知識、背景、同儕網絡和研究報告。問題在於多數企業已經知道氣候變遷是個問題，也知道他們必須有所作爲。再進行一項研究來顯示更換壓縮機對氣候有所助益且五年就能回本，這已經不新鮮了，但委託進行研究確實可能有助於提升企業（或非營利組織）的形象。

參與美國環保局氣候領導人計劃（EPA's Climate Leaders Program）的伙伴們「設立了積極的企業溫室氣體減量目標，並詳細記錄其溫室氣體排放，以追蹤其邁向減量目標的進展。」最近，每個人和他們的朋友都在做溫室氣體排放紀錄。但我們必須起身行動，結合行動與紀錄，否則我們的客房將準備接待許多荷蘭或孟加拉的鄰居。

當然，我們有充分的理由起身行動。艾摩里．洛文斯說，光是美國經濟，我們已經損失三千億美元的節約能源和排放減量的機會，這些全都是合理的投資報酬。無論你是否同意那個數字，沒有人能否認節約的良機不僅確實存在，而且相當巨大。我們已經見過重重阻礙是如何造成怠惰無為——從最初成本的障礙，到對節能的好處欠缺了解。

要克服這些障礙、將企業引進減少排放之路，一個公認可行的辦法是賦予二氧化碳排放一個價格來建立全球碳交易市場。這種方式造就的投資報酬率會比光靠節約能源來得大，也將在排放減量方面建立專業與核心能力。

這是正確的思考，也是為什麼幾乎每一個氣候領域的人——從政府到環保團體，從左派到右派——都寄望碳交易制度能拯救世界。我們深深相信市場有解決問題的能力，如果傳遞信息正確的話。但眼前有兩個短期問題。首先，就算我們順利建立了一個全球市場，這也是一種新的做法：企業需要安裝訓練輪才能騎過貿易的風景。再者，多數經濟學家認為，若又要收到成效、又要促進經濟繁榮，一開始的碳價格必須低廉，日後再隨時間上漲。那是因為成功的氣候政策必須是持久的政策；要持久，就得顧全兩造；要顧全兩造，就必須循序漸進；要循序漸進，碳價格就必須從低開始。這意味碳價格一開始會是微弱的訊號。

簡單地說，一個價格在政治允許範圍的碳市場，並不能改變能源仍然非常便宜的事實。但我們現在就須將碳擰出經濟。所以問題來了：我們要怎麼教企業去做他們未曾做過的事，並養成習慣呢？

芝加哥氣候交易所試圖透過一種自願性排放交易計劃來做到這點。目前的價格仍在每磅一分錢以下，因此交易清淡。基本情況：許多碳其實能在花費不多的情況下節省，但我們需要機制來讓人們著手。碳市場或許是正確的途徑，但我們必須在短期內搭一座橋來連接它（徵收碳稅或許是更好的辦法，因爲在碳會計上仍有各種逃脫與捏造的空間。但一般認爲徵稅在政治上並不可行）。或許有個方法可行——運用企業非常了解的一樣東西：現金。

一開始我們常常需要注入現金來克服最初成本，並讓大眾明白節能和減少碳排放在實務上的意義。小尼爾停車場更換照明就是一個好例子，它最後獲得地方一家非營利組織的補助，金額足以支付四分之一的投資成本。那筆補助是計劃得以落實的重要因素。

我們需要給營利事業一份紅包，讓它實行有高投資報酬率的計劃，並且教導管理階層節能方案的好處。而結果是：現在，當我們提出類似投資報酬率在百分之十二以上的計劃，我們的財務部門基本上都會同意，眼睛眨都不眨。我們已經裝填了火藥，減少排放的閥門已經開啓，不需要注入額外的資金了。

另一個例子是：企業可透過「性能驗證」（commissioning）來輕鬆減少排放，也就是請第三方來設計、審核新大樓的冷暖氣系統，並在安裝後檢查它是否能適當運作。（既有大樓也可以做類似的工作。這叫整建驗證（retrocommissioing），內容多少和我替老拖車做的「耐候化工作」雷同。）性能驗證一定能造就能源上的節約（繼而造就投資報酬率及排放減量），因爲所有暖氣系統都過度設計，且在初次安裝時就未適當運作了。（機械技師可以不費吹灰之力，安裝額外的鍋爐——你永遠有用不完的熱，你永遠都不會抱怨！）性能驗證是一個相當新的構想，也是一筆預付成本，但其效益奇高：一旦沾染，公司就會戒不掉這種做法了。

愛斯本滑雪公司在試驗性能驗證之時，聘請了一位工程師來審核一棟新大樓的冷暖氣系統方案。這位工程師指出我們多裝了一個熱泵浦——大又昂貴，這卻是在設計中毫無必要的裝置。當我們按照他的建議將之移除，我們馬上省下一萬美元，其中包含工程師的顧問費、減少終身能源使用和相關的建築排放物。而這位性能驗證專員甚至還沒展開檢查新大樓暖氣系統的工作——這又是一個能省更多銀兩的機會。然後，我們的經理們表示未來所有建築都會進行性能驗證，而他們也信守承諾。

儘管我們因已養成減少碳排放的習慣，不必遊說就主動嘗試性能驗證，多數公司卻需要有人推一把。這是一筆意料外的預付成本。不幸的是，多數專司氣候變遷的非營利組織並不願施捨。畢竟，爲什麼要捐錢給營利事業呢？但要解決氣候變遷問題，企業是不可或缺的一環——因爲它的規模，也因爲它的影響力。難道不值得做一點點投資來永遠改變企業的經營模式嗎？

我們需要找出並驅動全新且非常划算的碳排放減量計劃，而最好的辦法或許是建立氣候行動的信任感。有了政府及私人基金會的資助，這種信任將能引出更多排放減量、不僅代表一般產業升級的提案。資金由州公共目的稅（public purpose tax，依公用事業稅率徵收）提供的奧勒岡能源信託基金會（Oregon's Energy Trust，參見www.energytrust.org）就是這樣的例子。但大部分的州皆很難通過能源稅，而氣候不該因爲缺乏政治意圖而受苦。奧勒岡的方案若要擴及全國，讓私人基金會爲主要資金來源的做法既能達到同樣的目標，也能防止恐稅症發作。事實上，能源信託基金會可說是碳市場的雛型，因爲它會購買能源效益（該信任計劃其實是以折扣價購買減排量，因爲它只會支付一部份的計劃——僅足以越過初次成本的門檻）。

全球大型環保團體——其中最大的約有一億美元的預算——最初的成立宗旨都是爲了保護土地和生物多樣性。但這兩者都會受到氣候變遷的威脅或破壞。全球最大的環保團體難道不該致力於地球最嚴重的氣候問題嗎？每年一億美元在握，一個氣候信託基金會應能在業界造成驚人變化。就連未得到補助的公司也會受到驅使，想出更有創意的辦法來削減能源用量，因爲他們會追求免費的金援。

私營的氣候信託基金會也可以擔任教育的角色。在精選提案給予部分資助後，信託基金會可和ＭＢＡ課程合作追蹤計劃執行及撰寫個案研究。相信這能造就高能見度、創新、可複製、有紀錄可循而節省成本的減排實務，外加新一代的保護氣候專家。

要穩定大氣中的二氧化碳濃度，人爲的碳排放必須在本世紀結束前趨近於零。我們需要讓企業從即刻起養成減排的習慣，等碳交易成熟之際，企業將沉溺其中、無法自拔。而讓他們無法自拔的方法，便是先讓他們嘗嘗永續經營實務的花蜜。

我們只要確定他們沉溺的是好的做法，而非騙人的玩意兒。

註釋

1. 而且很多人不洗手。參見尼可拉斯・巴卡拉（Nicholas Bakalar）於二〇〇五年九月二十七日替《紐約時報》所撰之〈許多人如廁後不洗手〉。
2. 廁所門的問題是工業設計師兼作家J・鮑德溫（J. Baldwin）要我注意的，當時我們在洛磯山研究中心共事。
3. 岡瑟（Gunther），二〇〇七年。
4. 羅傑斯致達特茅斯學院校長吉姆・萊特（Jim Wright）的信，二〇〇六年七月二十一日（羅傑斯跟我分享的）。
5. 同上。
6. 本段文字部分首見於〈燃起減排動力〉，《工業生態期刊》，二〇〇六年十月，第八頁至十頁。

第七章

綠色能源：解決氣候變遷問題的關鍵（有時是個騙局）

「我們是由塵土和星光混合而成。」

——羅倫・艾斯里（Loren Eiseley），《時間的穹蒼》（The Firmament of Time, 1960）

綠色能源在許多方面都是緩和氣候變遷的魔法石。它包羅萬象，從運輸、廢棄物到水和農業。如果我們要從社會層面著手解決氣候問題，並從企業著手減少溫室足跡，我們必須創造可再生的能源「供應」。世界就是需要能源來運作，而這個需求正無情地增加，就算徹底節能，我們仍將持續需要極大量的動力來運作這個星球（據美國能源資訊局二〇〇八年的預估，至二〇三〇年，在正常情況下，世界能源需求將提升百分之五十！[1]）。透過潔淨能源來解決能源問題，你就能解決氣候問題。而一如前文討論，你也可以一併解決其他許多問題。

節能：承諾與挑戰

有個滑稽但真確的事實：最便宜的能源供應來源顯然不是「供應」，而是「節約」能源，亦稱能源效率，或艾摩里．洛文斯所謂的「負瓦特」。簡單地說，透過高效率的燈泡、泵浦和馬達、傑出建築設計以及精緻工業過程所省下的能源，能為其他需要的人提供更多可用產能（available capacity）的水電瓦斯。因此，許多公用事業不必興建新的火力發電廠，可以（也的確能）先透過廣泛運用效能技術來節省能源，支援企業的大型節能翻新工程，並幫助屋主使用較少的電力。這是合理的——一項所謂「需求面管理計劃」或許會花你幾百萬美元，但蓋一座新的發電廠或許要花你數十億美元。節省電力（創造負瓦特）每單位能源的花費遠低於從燃料發電。例如長年來加州節能的費用約在每瓦特／小時二至三美分，相當於洗碗機運轉一個循環所需的能源。而要從新式核能發電（許多人視之爲解決氣候變遷的途徑）產生等量的電力，成本在一毛五至一毛七之間。事實上，製造負瓦特的成本僅爲新火力、天然氣和核能發電的五分之一。你明明可以透過節能，以同樣價錢取得五倍的能源，爲什麼還要花錢製造昂貴的電力呢？省小錢而花大錢，是非常不符合財務原則的作爲。艾摩里．洛文斯喜歡把節能比作在你的大樓或工廠裡鑽探石油，而非捨近求遠，去地下或外海鑽。

可惜，如我們所見，我們固然很容易以低廉成本獲得某些效能，卻很難做到我們必須達成的大幅節約。節能這條路上頗多複雜曲折，易爲有心人用以混淆視聽。因此政策方向是撥亂反正、確保成功不可或缺的要素。

主張延遲氣候行動的人士正在推廣一個稱爲「傑文斯逆說」（Jevons paradox）的概念：由於技術進步會提高能源使用效率，因此總資源消耗量或許會增加而非減少[2]。乍看下傑文斯逆說似乎是簡單的經濟學，因爲資源使用效率提升意味著資源會變便宜。（如果開你的新 Prius 去超市只要幾分錢，你或許會更想開車、不想走路）

二〇〇七年加拿大帝國商業銀行世界市場公司（CIBC World Markets）所做的一份研究常被用來做爲傑文斯逆說的佐證；研究顯示，隨著商品的能源效率逐漸提升，美國消費者開的車愈來愈大、愈來愈耗油，也買了更多冷暖氣機和冰箱。CIBC的首席經濟學家及策略家傑夫・魯賓（Jeff Rubin）說：「這或許看來有些違背常理，但能源效率提升確實會導致更多商品被消費——而非減少。」魯賓主張，顧客會用效率提高省下來的成本，購買更多、更大的東西。

這使能源分析師羅姆火冒三丈。他在部落格中寫道：「首先，沒有任何證據顯示消費者會拿節能所省下來的資源來購買更多、更大的用品和車輛。眞正發生的事情是這些年來美國消費者較從前富裕得多，所以他們買了更多東西和更大的房子和車子——這是眾所皆知的財富效應，與能源效率毫無關係。確實有『反彈效應』（rebound effect）這種東西：省油車較低的每哩成本理論上會增加人們開車的時間（雖然在數據研究中我們很難區別反彈效應與財富效應）。但反彈效應頂多占百分之二十，也可能低到僅百分之十。最能證明這篇研究大錯特錯的是以下事實：三十年來，雖然能源效率大幅提升，加州的每人耗電量始終維持不變。」

還有其他理由可懷疑傑文斯逆說的眞確性。洛磯山研究中心運輸實務副總裁麥克・

布萊洛斯基（Mike Brylawski）指出，研究顯示在某些市場，Prius駕駛人開車的時間比其他駕駛人少百分之四十。這與傑文斯逆說暗示的恰恰相反。爲什麼會這樣呢？部分是因爲Prius車款的儀表板會即時顯示每加侖的里程數，駕駛人自然會清楚地意識到他們的衝擊。〔這種意識也可能讓他們變得浮誇。電視卡通《南方四賤客》（South Park）就有一集演出Prius的駕駛人排放的不是煙霧（smog）而是「沾沾自喜」（smug）。〕Prius駕駛人會開始注意他們開車的方式（因爲當你替車增添豪華內裝，你會發現每加侖行駛里程數暴跌），進而問自己爲什麼要開車。布萊洛斯基指出，二〇〇七年，Prius在美國市場賣得比每一款美國製的休旅車都好。

政策領導是關鍵

由於落實節能是件頗爲複雜的工作——不管是實行上遇到的難題或是對於成敗的誤解——我們顯然需要有人領導我們走過這盤根錯節。我們不知除了政府，還有誰能出面領導。好消息是，靈敏的政府政策是有效的！麥克．布萊洛斯基就指出，倫敦的塞車費（congestion pricing，編按，針對尖峰時段進入市中心的車輛收取的費用）就成功將車輛行駛里程數減少了百分之二十。還有一項利用自由市場的力量來規範硫排放的政府計劃

（最早實施的污染物「總額及貿易」計劃之一）也廣獲成功、廣獲產業及政府好評，讓許多環保人士連在睡夢中也能細述他們的事蹟[3]。就連在企業之內，好的政策也能帶來優勢。例如超越石油公司就制訂了一個內部碳交易計劃，幫排放物訂定價格——雖然沒有眞正的金額易手，但各事業部門建立的意識，便足以讓其大幅減少溫室氣體排放。

當然，政府不是完美無瑕，也不是唯一的解決之道。政府也可能做出毀滅性的壞決策，禍延數代子孫。但我看不到還有哪條路可以走出氣候危機——或是說，至少看不到有哪條路完全不需政府政策照明的。我百分之百相信，只要給予時間、讓能源價格逐步攀升，市場一定會找到解決氣候問題的辦法，他們在汽車產業的貢獻即爲例證。但是，一如我先前所說，問題在於我們沒時間等下去了。

在此同時，節能，儘管有種種奇蹟般的希望，仍然不夠。麥肯錫公司預估，在投資報酬率達百分之十的情況下，我們才能在未來十五年將全球能源需求成長減半，同時不致傷害經濟成長[4]。但就算是在夢想的藍圖之中，就算眞能掌握每一次節能的機會，全球能源需求仍將持續攀升，甚至加速攀升。光是中國的能源需求——根據一份新的研究，現在已比預期高出二至四倍——就將遠遠凌駕所有已發展國家在《京都議定書》中承諾要減少的一億一千六百萬公噸排碳量[5]。因此，就算達成我們的京都之約，我們距離解決氣候問題仍有千里之遙。爲滿足內需，中國現在每十天就增設一間新的火力發電廠[6]。結果：我們還是得增加新的供應。在某個時刻，我們必須改變製造電力的方式——我們必須爲我們的發電廠「除碳」。

大衛與歌利亞（David and Goliath）：乾淨的新動力與骯髒的舊動力

要戒絕以碳爲主的燃料很難。在愛斯本滑雪公司，我們已經與我們的電力公司聖十字能源（Holy Cross Energy）一起努力兩、三年了。我們和聖十字一起視察科羅拉多河上可能用以興建小型水力發電廠的地點，也和一家在附近進行山頂工程的風力開發公司走了頗遠的一段路。我們是這樣想的：這些工程將提供動力給聖十字，也幾乎等於直接供電給本公司。而一如所有大型工程，它們也有巨大的障礙。當我們遠赴科羅拉多一座高山的山脊探勘風力場時，風力開發公司在買渦輪方面遇到麻煩——供貨短缺，而且當時我們還不確定在那個地點，或說以那麼小的規模開發風力是否有理。另一方面，我們考慮的水力發電計劃也尚未獲得聯邦能源管理委員會的許可，其核可過程可能長達數年。營建業主有時不會回我們的電話。我們也探勘了在附近一座水庫加裝水力渦輪的情況。但那座水庫裡有狗魚，而這種非原生魚類不被允許外流至科羅拉多的溪流及河川。

「魚柵」（fish screen）的造價可能高達百萬美元，進而抹煞這項工程的投資報酬率。在過渡時期，水庫業主們提供「懸賞」，希望釣客能把狗魚通通釣走。祝他們好運。

愛斯本滑雪公司曾認眞考慮資助六項再生能源的工程，但只完成其中兩項，檯面上最小的兩項。其中一項——當時爲科羅拉多西部最大的太陽能面板（一百四十七千瓦（KW），足以供應二十戶人家一整年的電力）——一開始甚至不爲法令允許。我們得請有關當局重新劃分區域（他們幫忙了），但時間表延長了六個月（另一項工程則爲豐雪微型水力發電廠）。

你明白了吧。要發展任何種類的供能廠都不容易，但至少用煤和天然氣發電並不是新的方式，也不困難，而且有經驗豐富又勢力強大的重要利益人士管理；這個產業確立已久，每一個環節皆可受惠於穩定的政府補助、投資人的支持，以及已參與工程數十年、信譽卓著的承包商。因此，我們無法責怪我們的電力公司入主科羅拉多東南部的柯曼奇三號火力發電廠（Comanche 3）——他們需要供電給顧客，而且那座發電廠是無論如何一定會建的。我們知道，例行事務本身就是有力的系統設定，而它的好處就是會運作得非常好。

化石燃料發電廠是如此，反觀太陽能產業就不妙了。二〇〇八年底，太陽能產業差點因爲在國會敗陣而倒地（至少就新工程而言）。它未能繼續獲得製造及投資的租稅補貼——這堪稱美國所有再生能源工程的經濟命脈。在此同時，土地管理局也掀起一股大騷亂：宣布同意太陽能在公有土地上的開發需要「進一步研究」。（這個意見很快就被革新派的議員，如科羅拉多的馬克·烏達爾（Mark Udall）推翻，但那只是另一個愛煤人士絕不會碰到的隨機障礙。）就連發展順利、日益茁壯的風力發電產業也還太年輕，製造產能仍無法滿足渦輪的需求。

綠化的供電很迷人

雖然要建造相當規模的乾淨發電廠有其困難，所幸我們有一道曙光：企業部門對綠能的興趣日益增加。

過去四年，企業購買再生能源的盛況已成了一種軍備競賽。規模龐大、影響深遠的企業是眞的想要這種東西。首先，完全食品（Whole Foods）創下企業史上最大的再生能源採購量，但沒過多久便陸續被維爾度假中心（Vail Resorts）和威爾斯貨運（Wells Fargo）超越。之後，壯生公司（Johnson & Johnson）和美國空軍（你沒聽錯，就是美國空軍！）等前任領導者再次迎頭趕上，奪回王座。接著百事可樂（Pepsi）加入競賽，且讓所有對手望塵莫及。至二〇〇八年四月，英特爾（Intel）成爲再生能源額度（Renewable Energy Credits, REC）的購買王，在本書付梓之際，尚無其他企業能在可見的未來超越英特爾。

在企業購買綠能的事例中，一旦出現爭食熱潮，你就得問：是什麼那麼好吃？要回答這個問題，我們只須明白企業究竟在買什麼。而一探再生能源額度這個詭異而瘋狂的市場，有助於了解我們或許需要做些什麼來鼓勵更確實的綠能製造。此外，就像翻開一塊岩石一樣，細觀REC產業將會揭露一個不幸的事實：爲了解決氣候變遷，我們做了多少不成熟的工作——我們迷惑於簡單方便的答案，而忽略了眞正確實有效（但困難）的解決之道。

綠能是什麼？

如果你想買「綠能」——亦即來自太陽能、風力、小型水力、生質或地熱等再生的電力——你不能直接把電源接往風力發電廠等地，因爲這種電力連結的基礎建設並不存在（邏輯也不通。風不會一直吹，所以直接連結的效果並不好）。

反之，要購買再生能源，一般是透過購買再生能源額度的方式。一REC代表每千度（megawatt-hour，一千度大致相當於一般美國家庭一個月的用電量）再生能源的環境屬性。在此簡單說明它的意義：

把你取得電力的供電系統想成一座水庫。沛綠雅（無碳的再生能源）和爛泥水（燃燒化石產生的骯髒能量）都會流進水庫。就算你負責注入沛綠雅，當你拿杯子舀水來喝的時候，你喝到的也不會全是沛綠雅。但在你的努力下，整座水庫的確變得比較乾淨了。

因爲人們想買綠能，卻不可能喝到乾淨的水（意思是不可能直接供給住家或企業特定的電流），電力公司發明了一種商品叫REC。購買REC，你就能因使用乾淨電力獲得好評。代表REC的那張紙上會說你「擁有」乾淨電力，就像說投資人「擁有」他在期貨市場買的腰內肉一樣。就其本身而言，REC可視爲直接購買再生電能的委託書[7]。

REC的收入有一部分會歸於製造綠能的電力公司，其餘則進了掮客的口袋。在某些案例中，REC是以生產補貼的形式提供財務支援給再生電力的製造者。但我們將在後文看到，情況不見得是如此。在某些案例中，REC是事後購買的——風力已經被製造出來了（就像購買已經在去年吃掉的腰內肉）。在這些情況下，REC的銷售便成了給生產者的恩惠，但並不會催生新的工程。

表面看來，各企業似乎「切中要領」。他們似乎了解，要解決溫室氣體排放問題，綠化能源供應是他們所能採取最根本的行動。企業購買REC的第二個理由（或許才是主要動因）則是：這是一種既方便又便宜，又能表達主要品牌定位的方式。拿行銷經費來購買REC似乎是極具成效的做法。一家公司不必親自參與須披荊斬棘的新能源工程，就能自稱：「我們百分之百靠風力發電。」如此偉大的陳述自然能獲得媒體的迴響。但事實證明，這種交易的本質非常微妙，甚至是騙人的。企業領導人恐怕不清楚他們究竟在買什麼東西。

「這是選擇問題，而非成本問題，」科羅拉多一家度假村的執行長在宣布將進行當時全美最大的REC採購案之後做此表示。「我們認爲採用多樣化的燃料來源、降低公司對化石燃料的依賴，是件好事。[8]」但正如我們所見，REC完全不代表多元燃料來源，也不會降低企業對化石燃料的依賴。電力仍來自原本那個地方，價格仍會隨燃料價格而波動。

透過購買REC，多數企業不是自稱「補償」他們的購電，就是自稱「購買風力能源」。這兩種聲明都有明顯的謬誤。REC代表乾淨的電，碳補償則代表實際未排入大氣的二氧化碳量。

購買REC的企業不會拿到乾淨的電，就像期貨投資人不會有數噸腰內肉送達家門口一樣。但企業誤解REC的普遍現象（或者較不厚道地說，扭曲了購買REC的意義），有一個罕見的例外：百事可樂。根據美聯社報導，百事可樂表示它「仍謹遵誓言，依照它所有美國製造廠的用電量購買足夠的再生能源憑證。」這才是企業該說的話，不多也不少。

話說回來，買REC卻不懂REC是什麼（因此常做些毫無價值的投資）的公司，不見得是虛假或不誠實的。購買REC的執行長多半認為這是重要且有價值的行動（我在過去某段時間也曾這麼認為）。事實上，如果你想在今天購買綠能，REC確實是最顯而易見又唾手可得的方式。況且我們不應奢望每個企業都成為再生能源的專家；如果你要保衛企業聲譽，適當關照REC是重要之舉。

REC是否毫無建樹？

到目前為止，大量購買REC的做法會打響或重新塑造企業名號是不爭的事實，他們會得到環保團體、業界和政府的讚賞。正因如此，「百分之百」的聲明才會那麼重要——那是真正的聲明，比百分之九十有力得多。

當企業董事會決定購買REC時，一個眾所皆知卻不願觸碰的問題是：REC並非全都一樣。在之前，包括英特爾等企業所購買的REC多半價值有限。我們一定要了解這裡出了什麼差錯，因爲乾淨的能源正是解決氣候變遷的不二法門。我們有沒有未來，但看我們能否順利區分有意義的行動和假冒的能源方案了。

當愛斯本滑雪公司開始四處採購時，有人提供我一千度一美元左右的REC。但當時製造一千度乾淨能源的成本，風力大概要四十五美元，太陽能則更高。經濟法則告訴我們，如果某樣東西非常便宜，那麼在市場的供給一定很大。有些REC我原本可能會買，但它們都快到期了。也就是說，一家已經運作數年的風力發電廠或許不會出售REC；他們的REC很快就會失去價值，因爲它們就要「到期」而舊得連最基本的可受性標準都無法符合。這樣的「期貨」不僅毫無價值，或許根本了無意義。比方說，某些向我報價的REC是來自某鋸木廠產生的電力，但該鋸木廠始終正常運作——對它來說，REC只是一筆額外的收入。其他REC或許來自一個行之有年的小型水力發電工程……無法驅動進步。若說購買這些REC就等於每年少讓若干數量的車上路——企業常會做這種聲明——是極其荒謬之事。

過去一、兩年來，許多新聞報導紛紛質疑ＲＥＣ的價值。在二〇〇七年十月十九日《商業週刊》（Business Week）的〈綠色的小謊〉（Little Green Lies）一文中，班・艾爾晉（Ben Elgin）寫著：

問題來自ＲＥＣ的基本經濟原理。依照邏輯，每千度二美元的額度——愛斯本滑雪公司與其他許多企業皆以這種價錢購得——不可能產生多少效果。風力開發商售電給電力公司時，每千度約可獲得五十一美元。他們還會得到二十美元的聯邦所得稅寬減額，資本設備如有加速折舊的情形也可獲得最多二十美元的補償。就連許多肯定從ＲＥＣ獲利的風力開發商都坦承，每千度賺九十一美元的發電業者不會爲了那兩塊錢擴大生產。「以這種價錢，ＲＥＣ對開發商的意義不大。」柏克布朗（Babcock & Brown）美國風力開發部主任約翰・卡拉威（John Calaway）這麼說。柏克布朗是一家提供資金予新風力工程的投資銀行。他說：「原本不會建造的東西，就算有了ＲＥＣ也不會建造。」[9]

蘭迪．烏達爾在二〇〇六年十二月五日一篇筆鋒尖銳的網路文章中，赤裸裸地呈現REC的問題：

兩年前，我們試著在科羅拉多這裡打造一間「零能源」之家。我們在光致電壓、太陽能熱水器、超隔熱牆壁、密閉管路空間及一座壓縮鍋爐上花了大約三萬五千美元。我們把每日的電費壓低到兩美元，耗電量壓低到每年一千度。電和天然氣的排放物則降至每年六千磅。

根據REC行銷人員的說法，我們原本可以每年四十元（純屬舉例）的代價買到相同的環境利益。「把太陽能扔了吧，珍妮，我已經用四千塊買到一個世紀的生態補償了。」[10]

接下來，蘭迪說到一家試圖透過由各銷售點逐月購買REC來「綠化」的公司：「如果你每個月花十五美元就能達成綠化，這就不叫革命了。」

奧勒岡波特蘭全球生態安全諮詢中心（Global Consulting Services at EcoSecurities）的常務董事馬克．崔斯勒博士，是世界頂尖的REC和碳補償專家。他曾於二〇〇六年若有所思地說：「雖然REC的需求已經……與日俱增，我們大量買賣REC的結果，仍有可能不會促使業者興建更多再生能源的設備。在今天的市場，是否新建風力場的問題通常和天然氣的價格、技術價格下跌和聯邦稅的鼓勵密不可分，跟REC的銷售量則沒什麼關係。」[11]

在此同時，許多（但並非全部）和我說過話的REC業務員，無不給我二手車業務員的感覺：「奧登，我要怎麼做才能讓你買一部敞篷別克呢？以下是我會爲你做的事……」銷售廉價REC的仲介不會告訴我REC從哪裡來，也不會以書面形式回答一連串問題。在多數對話中，掮客總是先開高價——十美元左右，談到最後都降到兩美元之譜。REC的價錢變得跟伊斯坦堡的地毯價錢一樣——完全隨機，隨便你殺。它們到底有什麼價值呢？爲闡述我和REC業務員談話的油滑本質，我改寫了一封我和某位卓越REC業務員的電郵往返，討論他打算販售的REC的品質。

寄件者：奧登·山德勒（ASchendler@aspensnowmass.com）
收件者：REC業界代表
主旨：REC
REC業界代表：

你告訴我你在販售五到八元的風力場REC，幫助風力發電場發展，真的是這樣嗎？你販售一、兩元的REC，有可能幫助風力場發展嗎？這種價錢跟開關風力場的成本根本不成比例——一部渦輪機可是要價百萬美元。你們是和哪些風力場合作此案呢？

你可以簡潔地回答這些問題嗎？

就新風力場事宜，你們是和誰進行協商？

你賣給X公司的REC，是從哪裡拿到的[12]？

我們初次談REC時，你並未回答這個問題，而這就是我們並未與你們合作之因。我想我也沒有在電話中得到你的答覆。REC究竟從何而來？

你們目前是在採用未知價（forward pricing）的模式嗎[13]？

在你看來，購買REC可以怎麼改善全球碳排放的願景呢？如果答案是REC能增進綠能發展的可能性，那你得證明其數學運算。如果一部渦輪的造價是一百五十萬美元，REC交易要如何促進其發展呢？

我想，REC的經紀人必須對此做更透明的解答，才能維繫客户對你們的信賴。在年底REC到期前以優惠價格購買REC，然後加價賣給X公司的顧客，這種做法不足以拯救地球。而身在環保社群的我們，有愈來愈多人對此甚感憂慮。

謝謝

奧登

寄件者：REC業界代表

收件者：奧登．山德勒

主旨：REC

奧登，謝謝你繼續與我們聯繫，我想若能與你當面談話，我們或許會更有收穫，因爲我不認爲簡單的電郵往來能充分釐清你問題的要旨。在你提出的明確問題之外，我也想說，你眞的非常在乎能否推廣有效的環境方案。我想讓你知道，我也有同樣的憂慮。說眞的，我想我們有很多能彼此學習的地方。

我將在一月初上山。屆時你會在那裡嗎？或許我們可以在那期間或之後碰個面？

衷心祝福你

REC業界代表

寄件者：奧登．山德勒（ASchendler@aspensnowmass.com）
收件者：REC業界代表
主旨：REC

REC業界代表：

恕我不敢同意——當前REC產業的問題就在於這些問題完全無法解答，連簡答都不能。我眞的需要清楚的「是」或「不是」，或其他類似簡潔的回答，不要假設性的言論。例如，我就非常想找一個風力開發商聊聊，請他告訴我REC銷售能如何促成工程發展。那將能解答我很多疑惑。你可以幫我聯繫這樣的人士嗎？我不會參與維爾的活動，所以我熱切期盼你能在信中回答我的問題。

感謝

奧登

寄件者：REC業界代表
收件者：奧登．山德勒
主旨：REC
奧登：

恕在下冒昧，我認爲在不論及前因後果的情況下貿然回答你的問題，會有損於我們更遠大的目標。如你敏銳觀察所知，REC這種工具是挺複雜的玩意兒。我眞的希望能有機會與你促膝長談，分享我的見解，讓你有充分的資訊來評判我的意圖或可信度。

如果有這個機會，我很樂意向你深入說明目前風力發電場的經濟情況，看看REC可以造成什麼差異（你至少已經在他人標榜的工程中見過三個例子了）。我們花了非常多的時間教育我們的客户和他們的員工、顧客、新聞媒體和社群，讓他們明白這些重要的環保利益。

希望我們可以繼續這樣開誠布公地對話，因爲我認爲這對這個產業以及當前和未來的消費者而言，都是一大福音。

REC業界代表

我的問題始終得不到解答。看了這種含糊其詞的信，再看看我們決定購買的REC的供應商，社區能源（Community Energy Inc., CEI）艾瑞克．布蘭克（Eric Blank）的說法：

奧登：

社區能源有四百至五百百萬瓦（MW）的REC銷售（北美地區一般價格大多在十美元／千度左右），這能使市值六億美元的風力能源設備更具經濟能力……這是不可思議的成功故事……以這種量和價格來推廣REC的做法，也已經吸引艾塞隆電力公司（Exelon Generation Company）、PPL能源（PPL Energy）、佩柯能源（PECO Energy）和聯邦愛迪生公司（Commonwealth Edison）等大型電力公司跨入風力發電的領域，成爲風力發電的購買者……目前已有長久和清楚的紀錄顯示，購買當地風力可直接促進大型風力能源的投資（如賓州就有四家風力渦輪發電機製造廠和一千多份高薪工作因此受惠）。

至於全國性的REC（價格在二至三美元／千度左右），我個人傾向同意，它們和新的風力場沒有太密切的關係（因爲價格太低，對新開發案無法產生實質影響）……不過，REC仍有相當明確的價值……REC堪稱一切環保和其他與風力發電有關之非電力價值〔包括滿足RPS（Renewable Portfolio Standards，再生能源配比標準[14]）、碳額度（carbon credits）、給予風力場的氮氧化物及硫氧化物[15]排放允許額度等〕的財產權……雖然碳額度未來價值與風力發電的關係純屬推測（目前與碳排放有關的規定仍不足以提供明確的價格，是其中一個因素），但這基本財產權是真確且於法有據的……而且，真要說什麼的話，隨著二氧化碳的管制規定愈趨明確，加上再生能源的國家法令已經上路，REC的價值將愈來愈高……事實上，由於過去六個月來CEI的REC價格已逐步攀升，你或許可以高於當初在公開市場購買的價格賣出你的REC……

希望以上能解決你的疑惑……也歡迎隨時來電……

艾瑞克

最後，我們基於三個理由選擇艾瑞克的公司：第一、科羅拉多州一個專攻綠能的環保團體已幫我們審核過社區能源了；第二、我們知道就算我們出的錢不會直接促成新的風力發電，但至少我們的錢會幫助到投身建立新風力場的組織；第三、艾瑞克很誠實，也盡到他的本分，何況他是綠能領域的名人，有促進新風力發展的好名聲。（艾瑞克建議我們購買較高品質的ＲＥＣ，但我們沒有，因為那太貴了，而且我們對它沒有百分之百的了解。我會在本章稍後說到企業只對便宜的ＲＥＣ感興趣時討論這個挑戰。）

儘管如此，我仍不禁懷疑：如果多數企業都在購買綠能額度，而綠能無論如何都會生產，所以市場上其實有大量的剩餘額，那麼我們真的有辦法驅動變革嗎？有沒有更好的辦法可以捍衛環境，例如直接資助風力發電，或者把錢花在遊說，或者研發用甲烷製造乾淨電力的方式（甲烷是煤礦排放的一種高效能的溫室氣體）？ＲＥＣ只是我們買來逃避二十一世紀環境審判的豁免權嗎？

好的ＲＥＣ與壞的ＲＥＣ

由非政府組織「乾淨的空氣——涼爽的地球」在二〇〇六年所做的一份獨立報告指出，有些消費者被碳補償和ＲＥＣ愚弄的理由很簡單：並非所有ＲＥＣ都一樣。我們必須指出，市面上有好的ＲＥＣ，也有不好的ＲＥＣ。兩者天差地遠。不好的ＲＥＣ售價約兩塊錢，來自已經發展完成的風力場。壞的ＲＥＣ不會做任何事情來驅動新的再生能源發展。對於風力發電場、小型水力發電廠或鋸木廠（以及賣給你REC的捐客），你的捧場或許是不錯的紅利，但這無助於改變大氣中的二氧化碳排放。你或許可用「有名無實」來形容這種產品。

反觀好的REC就眞的能促進新的再生能源發展。但它們通常不便宜，使企業很難買下足以做出強烈聲明、涵蓋所有電力使用的量。例如二〇〇八年愛斯本滑雪公司與私立高中科羅拉多洛磯山中學合作，在卡本岱爾研發一百四十七千瓦的太陽能。我們把這個計劃的REC以每千度一百七十美元左右的價格賣給Xcel能源（Xcel Energy）二十年。（那是眞正能促使新太陽能在科羅拉多發展的價錢！）如果你撤走這些REC銷售，我們的計劃將告瓦解，因爲投資報酬率會變成負數。所以Xcel可理所當然地說聲明它買的REC透過製造綠能而造就新的減排。

這種REC稱爲「前瞻性REC」，而在我看來，這是唯一有意義的REC。前瞻性REC通常不便宜（以風力爲例，要價在八美元以上），而且幾乎都須簽訂長期合約（這是因爲風力發電場等業者需要這種承諾來安排其財務模式，一如太陽能發電場的情況）。有兩個組織長期銷售這種非常合理的前瞻性REC：天然能源（Native Energy）及社區能源。

擁護者主張，所有ＲＥＣ背後的基本概念是，ＲＥＣ銷售可建立一種驅動新風力發展的市場機制。沿這條路走下去，理論上，當愈來愈多人購買ＲＥＣ，就會出現供不應求的情況，其價格就將水漲船高。一旦ＲＥＣ價格上揚，它便能促進新的再生電力的發展，因爲人們希望有更多有利可圖的ＲＥＣ可以販售。在某種程度上，這種事確實在發生。有些ＲＥＣ賣主告訴我：「低價ＲＥＣ的年代已經結束了。」

但有個問題逐漸逼近。我相信有公司只想要便宜的ＲＥＣ，拿它充當引人注目——且非常便宜的——品牌定位的工具。只要電費裡有一小部分的ＲＥＣ（百分之一到二），公司便可大言不慚地說它購買百分之百的乾淨電力（就算這種聲明很虛僞，如我們先前得知，那也是標準做法）。

然而，如果你把ＲＥＣ價格從兩塊錢拉高至八到十塊錢（驅動新風力發展大致需要的價錢），突然之間，購買ＲＥＣ不是行銷部門眼中的便宜貨了。那麼從公關的角度來看，預算不足的你該怎麼辦？這是一種荒謬的兩難：當公司購買ＲＥＣ，它將漲至足以驅動新風力發展的價格，但一旦價格到達那個門檻，大型買主將轉身離開。

當供需問題使所有ＲＥＣ（不分好壞）上漲，它們對於新的風力發展勢將愈來愈重要。但那或許無關緊要。不久之後，碳規範將大大促進再生能源的發展，效力遠勝於任何一種REC，並且還有附加利益：透過嚴格的減碳標準規範這個市場。當這種情況出現，糟糕的REC將從近乎無價值到完全無價值，而這整個經驗將如同一場遊戲——只是具有教育性罷了。

良好能源政策的面貌

必須說明的是，我所提出的好的政府政策，例如多數議員支持的碳規範，並不包含強制「使用風力」或「駕駛Prius」的命令。反之，有變通力的政策會迫使市場反應電力眞正的價格——碳稅即爲一例——藉此傳送信息、讓民眾和公司自行找出別具創意的方法。

偶爾我會在簡報期間聽到人說，給予再生能源補貼毫無必要，我們應讓自由市場決定。我會問：「好，那你想廢除現存所有給煤和石油的補貼嗎？」答案始終是「不想」，或一陣沉默。我們的市場並不自由，而好規範扮演的角色便是導正扭曲，例如節制從未眞實反應污染、波斯灣軍事衝突或道路維修等成本的石油價格。能反應石油實質成本的政策只要確保公平競爭、無需提供拙劣的補貼就能即刻刺激民眾使用替代燃料。

在美國發展好的政策尤其重要，因爲其他國家將群起效尤。主張延遲氣候行動人士的標準戰略是問：「既然中國和印度不會跟進，我們爲什麼還要做呢？」但我們是在唬弄誰？在美國眞正做些什麼之前，這些國家當然什麼也不會做，因爲我們一直是世界最大的能源消費者；我們一直依循類似的經濟發展路線：使用便宜和骯髒的電力。我們自私，他們也會認爲他們自私是應該的。但如果我們開始部署再生技術，他們的回應很可能會是：「他們知道什麼我們不知道的事？」全球政策的轉變必須從美國開始。

混凝土與鋼鐵的解決之道

在欠缺政策領導下，REC的潰敗是無可避免的，這也是我們這個時代的症候群。邱吉爾曾說，世人應可指望美國去做正確的事……在他們用盡其他所有選項後。REC和我們對企業綠色聲譽的注重，似乎就在闡釋這句話。我們正要用完其他替代方案，終於開始認眞做保護氣候的事。

蘭迪．烏達爾也在一個網站發文道：

> 吹捧碳中和（carbon neutrality，編按，指排放多少碳就努力以抵銷措施達到平衡，使二氧化碳總量爲零），代表你不了解碳中和。氣候變遷與你無關，

與行銷無關，這不是老王賣瓜，而是你根本沒多少東西可以自誇。在某種程度上——而這是異端邪說——那甚至無關乎減少你的排放。在沃爾瑪和美國其他大型量販店達到碳中和之前，天然食品超市（Whole Foods）不會是碳中和；也就是說，在我們徹底改革我們仰賴的所有基礎能源建設之前，它不會是碳中和。這是未來二、三十年的工作，或許是未來兩、三個世代的工作。那不是行銷策略、不是競賽、不是室內遊戲，不是卑鄙的詭計。

好消息是再生能源的產業——絕大多數沒有REC銷售做爲誘因——正大幅成長中。中國就是很好的例子。據非營利組織氣候組織（Climate Group）的一份報告指出，儘管中國對骯髒煤電的仰賴極深且與日俱增，它也是世界數一數二的再生能源製造者，在創造乾淨技術方面亦有凌駕已發展國家之勢[16]。這固然令人振奮——市場已經注意到乾淨能源的價值——但這股趨勢仍太過微弱，不足以解決氣候變遷。那需要全國性的政策加持。

根據聯合國環境規劃署（UN Environment Program）的「二〇〇八年永續能源投資全球趨勢」報告，金融市場在二〇〇七年在再生能源及能源效率產業投資了創紀錄的一千四百八十四億美元，較前一年成長百分之六十[17]。（相較之下，美國政府每年在再生能源及節能研發上僅投注數十億美元——跟美國人每年花在萬聖節的費用差不多。）

其實，我們從REC瓦解一事學到的教訓，與我們在本書其他部分學到的課程大同小異：我們必須睜大眼睛，切合實際地判斷何者重要，何者不重要。愛斯本滑雪公司已往新的方向尋找乾淨能源：一方面，我們與一家開發風力場的電力公司達成購電協議。如果我們同意在未來二十年以固定補貼價格購買電力，該公司將安裝四具新的渦輪，我們也將從這些裝置獲得電力。一如前瞻性的REC，這項協議為新工程打下鋼筋。在此同時，我們也在我們的四座山丘探勘小型水力發電廠，為我們提供一部分的電力，如有剩餘，還可賣給地方。我們已經在雪堆找到一座已在營運的小電廠，每年可製造市值一萬五千美元的乾淨能源。這個利用既有製雪基礎建設的方案連接了歷史：在一九五七年以前，愛斯本全都以小型水力系統營運；有些至今仍在運作，其他則在找人改建中。

想想這點：不久之前——不過是一九五七年的事情——像愛斯本這樣的地方已能藉由解決電力供應的難題打破永續經營的魔咒。這要是靠獨創性完成的，但也要歸功於辛苦的勞力、混凝土和鐵，才能創造出一個沒有人能懷疑其價值的實際方案。

我們能再次做到嗎？能——這看來是個合理而不會過分樂觀的答案。

註釋

1. 能源資訊局，二〇〇八年。
2. 英國學家威廉・史丹利・傑文斯（William Stanley Jevons）一八六五年表示，在瓦特發明燃煤蒸汽引擎、大幅提升早期設計的效能後，英國的用煤量大幅攀升。
3. 簡明概要請參閱環境保護基金會，二〇〇七年。
4. 麥肯錫全球研究中心，二〇〇七年，第九頁。
5. 奧夫漢默（Auffhammer）和卡爾森（Carson），二〇〇八年。
6. 布雷瑟（Bradsher）和巴波薩（Barboza），二〇〇六年。
7. 請注意REC僅說明與電力使用有關的排放。而通常需要符合更嚴格標準的「碳補償」（offset），則代表明顯被防止進入大氣的碳量——如留住垃圾掩埋場的甲烷或把二氧化碳貯存在地下。REC有幾點引發日益嚴重的關切，其中一點便是它們常被當成碳補償來用——有點類似用柳橙做蘋果派。比如說，一些團體會賣電力REC來補償車輛行駛的里程數。這兩者風馬牛不相及。馬克・崔斯勒（Mark Trexler）博士非常詳盡地研究了REC和碳補償的複雜世界，他也被公認爲理解、說明及使用碳補償藝術的權威。參見二〇〇六年出版的〈乾淨的空氣——涼爽的地球〉，崔斯勒研究小組針對碳補償市場提出的報告。

8. 史托納（Stoner），二〇〇六年。

9. 艾爾晉之前曾爲《商業週刊》報導名聲不佳的REC。這兒引用的文章旨在討論愛斯本滑雪公司與REC的奮戰，以及其他議題。

10. 請參閱http://makower.typepad.com/joel_makower/2006/12/are_carbon_offs.html。

11. 與馬克·崔斯勒的電郵往來，二〇〇六年十一月。

12. 這封電郵的細節已經過改寫以保護當事人。

13. 未知價又稱前瞻性報價，係指在興建一座風力發電場之前銷售REC，做爲其建造資金。因爲REC是其財務模式的一部分，因此銷售REC能促進風力場之籌建。

14. 再生能源配比標準乃國家規定：一定要有某個比例的電力來自再生的能源。

15. 氮氧化物與硫氧化物指氮與硫的氧化物，都是會導致煙霧和酸雨的污染物。這些物質已透過總額與貿易制度有效規範，我們建議二氧化碳排放也應以類似制度加以規範。

16. 氣候組織，二〇〇八年。

17. 聯合國環境規劃署，二〇〇八年。

第八章

綠建築：簡單、優雅而至關重要

「而填滿這塊土地的陰影，
都是我用自己的雙手造成。」

——愛米羅．哈瑞斯（Emmylou Harris），〈祈禱〉（Prayer in Open D）

聖大菲一位名叫艾德．馬茲利亞（Ed Mazria）的建築師論據確鑿地主張，房屋——或者更廣義的建築物——是全球近二分之一溫室氣體排放的元凶，因此也是解決氣候變遷的關鍵。

美國有超過一億三千萬座建築物。其中絕大部分仰賴維生系統過活，就像加護病房裡的病患。而且，組裝、暖氣、冷氣和電氣化的衝擊正迅速擴增。房屋消耗了全球四分之一的林穫量，六分之一的乾淨水源，以及五分之二的原料和能源流動。在美國，房屋占了百分之六十五的電力消耗及百分之三十六的原始能源使用；一般美國住家每年會製造兩萬六千磅的溫室氣體，足以灌飽一架固特異飛船[1]。馬茲利亞指出建築物是「社會所生產最長壽的實體加工品。」因此建築物——包括新的和既有的——確實是解決氣候危機的關鍵[2]。

我們可以斬釘截鐵地說，綠建築運動已蓬勃發展。綠建築貿易團體美國綠建築協會（U.S. Green Building Council, USGBC）的會員數正呈倍數成長，短短幾年便從兩百五十人增至六千人；最近的會員數更直指一萬七千人。各州以及西雅圖、波特蘭、鹽湖城和丹佛等大城市也陸續讓公共建築採用LEED（Leadership in Energy and Environment Design，能源及環境設計領導）認證系統。多項聯邦計劃也逐步支持綠建築。聯邦政府在此議題上有相當強健的領導，企業的領導也日益擴增。

事實上，在過去十年間，綠建築的世界發生了一件令人振奮的事。探討這個議題的會議——過去是頸掛念珠、腳穿勃肯鞋的嬉皮人士談情說愛的集會——已漸成主流，進而鼓勵企業參與。過去十年，USGBC已爲此領域賦予專業的光芒，助其興盛。二〇〇七年，USGBC吸引了兩千多人參加它在芝加哥舉行的會議。比爾·柯林頓親臨致詞。許多與會者穿著西裝，空氣中瀰漫著「一大筆錢」的氣息。在先前一次會議中，中國營建部門——將負責世界將於未來十年內見到的許多營建工程——的首長獲得全場起立鼓掌。與會者也有商品供應商、建築師、顧問、營建商、工程師、學者、醫師和科學家。這些會議儼然成爲一部停不下來的列車，滿載著世人對綠建築的熱忱。

但儘管綠建築近來大受歡迎，也好處多多——更優質的建築物，更健康、更快樂、生產效率更好的工人、節約能源又美觀——綠建築的起步仍慢得令人苦惱。

綠建築為何那麼難？

不久前，《科羅拉多公司》（Colorado Company）雜誌的一篇文章以杜雷多開發公司（Dorado Developments）的事業夥伴爲重點。這家公司的業務有一個與眾不同的特性：

除了綠建築，它什麼都不信。這是則非比尋常的報導。但問題來了：它爲什麼只能做爲報導？雖然綠建築的效益琳琅滿目，大宗市場的建築產業仍對此議題視而不見。《建築紀錄》（Architectural Record）和《建築文摘》（Architectural Digest）等建築雜誌呈現的建物，大都不是綠建築。

我們很容易完全埋首於永續經營的業務，而以爲這是隨處都在發生的事。我們會有「革命正在進行」的幻覺。其實，你只要原地左右張望一下，就知道事實並非如此。試著到美國任何主要市郊買綠色房屋看看，祝你好運。無論在商業或住宅建築業中，綠建築仍是例外，就像沙漠裡的花。雖然有愈來愈多的大型開發商正在從事有名無實的綠色事業，但在他們的計劃實現之際，要達成眞正的節能減碳仍十分困難。何況，就連好的——最好的——綠色建商也常繳出未盡理想的績效，甚至一敗塗地。知名的綠色建築師威廉．麥唐諾爲歐柏林學院設計的環境研究中心（Environmental Studies Center）就是這樣的個案。那件工程因爲無法達成設計師天花亂墜的宣傳而聲名大噪。愛斯本滑雪公司也好不到哪去，每當我們準備妥當，興建不同凡響的綠建築時，總是舉步維艱。以最近一個計劃爲例，溝通不良導致一件工程的能源效率大打折扣，而我覺得自己好像在跟爲我們服務的工程師和建築師打仗——這熟悉的感覺惹人心煩。

在科羅拉多這裡的環保建築社群，每個人都有慘遭滑鐵盧的故事：有人用了比原先預估多十倍的能源；有個微型渦輪結果沒那麼省錢，就算重新正確安裝後也一樣——因為油價飆漲；有間坐北朝南的社區大學在冬天仍需要重新安裝空調。

等等！綠建築應該是通往樂土的途徑，在那片樂土，好的設計與環境管理為了眾人之利緊密結合，又能維持盈利。如果摩西是建築師，他會從山上帶著十塊石板回來，上面寫著謬誤、掩飾、以及盡可能以最貴的方式符合規定的新對策。簡單地說，一直困擾營建業的問題是：綠建築為何這麼難[3]？

時間用完了

答案是，改變需要時間。而問題就在於——我在書中再三強調的——我們沒有時間了。要將大氣中的二氧化碳濃度保持在前工業水準的兩倍，我們一年必須消弭七十億噸的二氧化碳。建築是這個等式的一大部分，而我們必須盡快減除這龐大的量。事實上，如果我們想在未來十年大幅減排，就必須從現在做起。那就是為什麼這項運動的緩慢成長如此令人擔憂。

我們必須想辦法加速推動環保工作，破除困住綠色營建業的藩籬。綠色工作之所以推行緩慢，有些原因相當明顯，也經過深入研究：預付成本；任何新方法衍生的問題和文化抗拒；欠缺人才與專業技術；欠缺研究、資金和意識；世人認爲品質、安全與永續性不可得兼；維持數十年的耗能建築工法根深蒂固；不好的建築法規；以及最後一點：人們不肯承認錯誤。

綠建築不能迅速成爲主流，一個很重要的原因是這種建築工法在世人眼中時常宛如祕密語言，那種只有威廉·夏特納（William Shatner）和海特—艾希貝利（Haight-Ashbury）嬉皮區少數怪咖會講的世界語（Esperanto）。告訴我你沒聽過「綠色黑手黨」（Green Mafia）一詞。那是在形容深諳這行生態且具政治手腕的人。你一定沒聽過。

我碰過許多人、建商甚至建築師堅信綠建築是複雜，甚至不可理解的東西。它不是這樣的。（雖然它也不簡單。但誠如一個朋友所說：「商業領域中沒有哪件事情是簡單的。我們有什麼好驚訝的？」）不過，似乎沒有人努力改變世人「綠建築理論是外國語言」的觀念。

USGBC和LEED

好消息是，在大眾心目中，綠建築的概念（就算不是實際做法）已愈來愈容易理解，甚至愈來愈迷人。對此，我們必須感謝USGBC的旗艦計劃：LEED。LEED是用以評定建築環保績效的認證計劃。它提供新手創造、了解及認證建築物。它爲綠建築創造了前所未有的全國標準。LEED帶領綠建築步入主流，自二〇〇〇年正式上路後，對該運動的貢獻卓著。在它的鼎力相助下，綠建築終於不會在營建世界一個狹小、漆黑而激進的角落化膿潰爛了。

在LEED之前，「綠建築」隨人標榜：例如你只要禁煙就可以說你的餐廳是綠色的。有何不可呢？反正又沒有標準，所以只要你敢自稱，沒有人會覺得不合理。LEED改變了這種情況，以嚴格的評級系統和一張「綠化」的核對清單滿足了世人壓抑已久，對可靠資訊的需求。

USGBC在推動LEED之後引起了好一陣騷動，也將綠建築的領域規格化、標準化，甚至得到歐普拉．溫芙瑞（Oprah Winfrey）的公開推薦——這正是它需要的。它獲得數千名建築專家的熱烈參與。USGBC在兩方面居功厥偉：它解決了「是什麼構成綠建築」的複雜問題，也將答案擴至能源之外的水效能、地點議題、資源效率，以及室內環境品質等。認清傳統建築工法是死腦筋的事實後，六萬多名設計專家接受訓練而獲得「LEED認證」。一夕之間，LEED成爲舉足輕重的全球品牌，好比運動鞋界的耐吉（Nike）或個人電腦業的戴爾（Dell）。現在，如果你的名片上沒印有「LEED專業認證」，那你應該快混不下去了。同樣重要的是，LEED也有助於減少惱人的漂綠瘟疫。

LEED一推動便引發高昂熱情，使得它幾乎與「綠色」畫上等號。意思是說，如果想蓋綠建築，你必須先認識LEED。問題是，LEED非但不等同於綠建築，有時還是完成綠化的絆腳石。LEED固然有其必要，但也是不完美而複雜的。

因爲我們要談綠建築就一定要講LEED，也因爲我從該計劃濫觴之初便已參與，且讓我同你分享一些歷史。

LEED：是工具，也是障礙

最遲在二〇〇五年，LEED已掌握綠建築的生殺大權，其影響力到今天甚至更爲強大。如此一來，計劃的成效便更爲重要。雖然該計劃的品質向來出色，創辦後亦不斷精益求精，現今LEED仍面臨三項重大的挑戰。雖說有些問題是所有認證計劃的通病，但有鑒於綠建築對地球的未來實在太重要，這些問題仍值得討論，且一定要予以改正。

首先，要獲得認證比登天還難（成本高、工作複雜又乏味），所以達成目標的建築不多。其次，LEED對能源的著墨仍不夠深（雖然這點已進步神速）。第三、LEED本質上是一種認證制度，但常被視爲綠建築的指導原則。

物以稀為貴

儘管LEED極受歡迎，令人意外的是，獲得認證的建築物少之又少。要得到LEED標準認證，設計師須核對一份清單來判定他們是否在五個類別順利降低衝擊：場址規劃、能源消耗、用水、室內環境品質，以及建築原料。付點費用、符合必要條件、在總分六十九分中拿到二十六分，你的建築物方可獲得「LEED認證」。

一棟建物竣工時，開發商會送交文件到USGBC，由第三方的評估人員判定要給予銀、金或白金評價的認證。要達到白金的境界很難：全世界只有五十三棟商業大樓獲得白金認證。事實上，要得到建築認證就很難了。該計劃於二〇〇〇年上路，七年間只有一千七百五十三棟（位於新商業區）的建築獲得認證；至二〇〇八年九月之前，申請但未通過認證的建築共有一萬四千三百九十棟。相較於光是美國就有一億三千萬棟的大樓，這個數字顯得微不足道。

二○○五年我和蘭迪・烏達爾合寫的一篇論文指出，這個數字不足以造成變化。根據親身參與建築物認證（包括世界上前十一棟LEED建築之一）的經驗，我們提出以下批評：這個計劃要價太高、不夠細膩、難以實行、且非常官僚。我們聽到很多建商說「不用了，謝謝，」因爲認證成本實在太高，或者他們更有興趣把額外的錢花在太陽能面板等綠能措施上。我們不能讓這種事情發生；我們需要旗艦式建築來協助傳播綠建築的訊息，愈多愈好。

USGBC已釋出善意來解決這些疑慮，使得LEED認證程序在這幾年愈趨容易。但它也爲LEED辯護說，該計劃無意成爲攫奪大宗市場的制度；它的宗旨是只爲最好的建築物蓋核章。（那麼，何不開始用類似國稅局查稅的程序來大量認證建築物呢？身爲企業高級主管，我可以告訴你，如果我們蓋了十棟LEED建築，而USGBC決定只抽查其中兩棟，我們每一棟都會以同樣的標準建造。偷雞——以及被逮到的風險——會嚴重損害公司的可信度，我們絕對不願背負這樣的風險——其他公司也不會。）

擁護者義正辭嚴地主張：LEED的目標一直是成爲引路明燈，而非世界性的法規。領導計劃和認證機制一向是從小而起。奧運會只有極少數人能贏得金牌，但這些金牌得主卻可以驅動一個世代的變革，就像藍斯．阿姆斯壯（Lance Armstrong）在美國引發公路自行車的熱潮。不必人人都成爲藍斯，但一個藍斯就可協助改變世界。

但LEED評等的排他性正是它的第二個缺點——你不必花太多心力在節能上，便可以依據LEED的高標準認證一棟建築——會如此嚴重的原因。如果只有少數建築物能得到LEED的認可，那它應該眞的具有某種特別的意義，一如榮譽勳章。

能源才是一切

薇拉．凱瑟（Willa Cather）曾說：「路才是一切。」[4] 她的意思是，以禪宗的觀念來看，人生有意義的是旅程，而非目的地。在綠建築領域，你或許可以說：「能源才是一切。」

不幸的是，直到最近，許多LEED建築皆未能在能源戰線——唯一眞正重要的戰線——繳出超越一般建築的成績。早在二〇〇四年就有人擔心這個問題：奕碩（E Source）的傑．史丹（Jay Stein）和瑞秋．巴克萊（Rachel Buckley）認爲，一棟建築獲得LEED認證，不見得代表它比一般建築來得好或不好[5]。

我之所以知道LEED建築不怎麼在乎能源的事情，是因爲愛斯本滑雪公司就建了這麼一棟。愛斯本山的陽光甲板餐廳是美國前十棟ＬＥＥＤ建築之一，也是世界前十一棟在內，身爲LEED 1.0的參與者，我們的經驗協助發展出LEED 2.0。但在興建陽光甲板時，我們很晚才加入程序，因此未能重新設計效率最高的建築外殼和空調系統。因爲我們可以從很多地方拿到分數，不必特別針對能源下手，最後還是獲得了認證。這次認證帶給我們相當大的可信度，也讓媒體大幅報導（這是我們應得的，因爲我們在各種非關能源的工作上做得很好，包括完全解構、廢物利用、研磨及結合原有建築等，這件工程也成爲地區的模範）。但你得問這個問題：如果氣候變遷是我們這個時代的議題，如果最重要的因應之道是透過提升能源使用效率，那麼一棟幾乎或完全沒有結合節能措施的建築怎能稱作綠建築呢？

喬・艾斯提布瑞克（Joe Lstiburek）是擁有一大堆認證（他是理學士、工程碩士、博士，還有工程執照）、機靈促狹、好勇鬥狠又幽默好辯的工程師，專門調查建築物的缺失。身爲國際知名的建築設計權威，他曾說：「蓋你的房子，看看水電帳單，跟舊建築比一比，如果沒有比較少，那就閉上你的狗嘴。」他說到重點了。

這個議題最後儼然成爲一種漂綠的形式。二〇〇五年十月十九日，《華爾街日報》在它「市場」專刊的封面做了一篇以位於哈德遜街三十號的高盛（Goldman Sachs）摩天大樓爲主題的相關報導。這棟建築僅達到最低標準的ＬＥＥＤ認證[6]，在節能與再生能源的分數恰恰爲零。一分也沒有。雖然風風光光地得到認證，也被置於《華爾街日報》的醒目位置，但哈德遜街三十號根本不能算是綠建築。

然而，諷刺的是，當初設立ＬＥＥＤ的用意就是要（在某種程度上）避免漂綠！理論上，在後ＬＥＥＤ時代，沒有人可以藉由採取次要措施（如用回收物建造浴廁隔間）而聲稱綠建築。那就是ＬＥＥＤ認證爲什麼一定要有意義的原因。ＵＳＧＢＣ同意這點，也於二〇〇七年提高節能的底線：任何新的ＬＥＥＤ商業建築都必須超越積極能源法案百分之十四以上；進一步的能源標準則已在作業中。這是好的開頭，百分之十四也是相當嚴謹的數字，凌駕原已相當嚴格的法規；另外，ＬＥＥＤ也像洗碗機或電腦一樣考量了「處理量」的問題，等於提高了門檻。但只要稍微讀一下艾德．馬茲利亞的文章——或是最新的氣候科學報告——你便明白這仍不夠（因此馬茲利亞展開自己的計劃，名爲「建築二〇三〇」，推動更積極的目標以及最終的碳平衡）。

建築物有時會在ＬＥＥＤ量表裡拿下高分，能源方面卻表現不佳的一個原因是，這項計劃是檢定制度，而非建築指南。

那是考試，不是指南

當我就讀於紐約史帝文森高中的時候，我們唸書是為了考試，也考得很好。如果你在每年的州學力測驗（Regents）拿不到九十五分，別人會擔心你說不定有認知問題，或是耳朵被蠟封住。但雖然我的考試成績真的很好——我深諳考試技巧——但我在高中學到的，似乎也只有怎麼應付考試而已。LEED也衍生出同樣的問題：建商是因應LEED的標準而設計，而非設計綠建築。

這種無可避免的結果——不是USGBC的錯——正是我所說的「賣分數」。設計師和建商不會聯手打造一棟全面環保的建築，而是從他們可以怎麼用最低的成本拿到多少及哪些分數著手。比如說，假設你可以透過改善暖氣系統效率拿到一分，這所費不貲，而安裝自行車停放架和設置通勤者淋浴間也可得到一分，那麼你可能會選擇後者，雖然前者對環保的貢獻遠大於後者。USGBC或可擬訂一份綠建築議定書來改善這個問題（容我稍後討論）。而另一個已經開始做某種程度運用的辦法，則是規定關鍵分數（如節能）為認證的必要條件。

我有位同事才剛去參加一場為期一天，標榜為「綠建築入門」的研討會。我希望它會詳盡討論如何打造具環境責任的建築、舉些可行與不可行的例子、我們該怎麼做才能成功？什麼叫商業大樓的「好牆壁」？但那場研討會不符我的期望——它是花八小時討論LEED。

爲LEED考試而念書儼然成爲風氣，而人在愛斯本滑雪公司的我們同樣難辭其咎。在最近一項工程期間，首席工程師告訴工程經理要達成LEED在能源方面的「黃金」標準得花太多錢，因此許多進步的節能措施慘遭捨棄。無可否認地，那時我們時間緊迫，工程也已超出預算。但那場討論掩飾了一個根本的誤解：LEED不是一項能源標準，它只是評分。事實上，討論中的大樓看來能在LEED上獲得非常、非常好的成績，或許可以達到黃金標準。但如果我們在過程中忽略了最重要的那件事——能源效率——那黃金感覺起來也是空心的。（天啊，這表示現在我正在用最少的節能措施替另一棟ASC建築申請LEED認證，這可是我發誓絕對不會做的事。要解釋這何以在一個「我很瞭解」的行業發生，需要上酒吧好幾個小時。是我的錯，而障礙是溝通、金錢和人爲因素。但這次失敗更突顯了要成功打造綠建築有多困難，以及解決氣候變遷的挑戰有多艱鉅。）

無論如何，我們需要LEED。我們需要它帶來的刺激，它造就的理解，它產生的動力，以及它蘊釀的運動。一如任何規模龐大又複雜的計劃，它也有它的問題，但要建立毫無缺點而能完全杜絕投機的認證制度，是不可能的事情。LEED已經啓發了一個世代，而隨著它成長茁壯、精益求精，它還會啓發更多的人。而且，負責運作LEED的人士都很聰明，無不急於改善計劃。該組織的總裁瑞克．費德瑞茲（Rick Fedrezzi）心胸開闊，有接受批評的雅量，也有人類（更別說是大型官僚組織的領導人）少有，隨機應變的態度與能力。他彰顯了班．富蘭克林（Ben Franklin）的格言：「批評是我們的朋友，因爲它讓我們看見自己的錯誤。」我替LEED背書，自己也用，並推薦給大家，批評只是爲了讓它進步。

所以，使用LEED，好好享受它，並博得認證的好名聲吧。只是也不要忘記能源效率的事。

拆解生物模擬，力求簡單

人們會產生「綠建築是某種祕密語言」的觀念，LEED不是唯一的因素。綠建築領域已出現一個製造混亂的惱人流派，名爲「生物模擬」（biomimicry）——建築物應仿照自然系統的概念。該派別主張，大自然已經研究了數百萬年之久，所以何不善加利用呢？如果我們能明白蜘蛛如何在室溫下造出比鋼還堅韌的絲，或蛤蜊是怎麼在海溫下製造陶器一樣的殼，我們就能破解一些重大的能源挑戰及建築障礙。

但這兒有個問題：建築物既非蛤蜊也非蜘蛛。首先，建築物不會移動，也不會吃蟲子。誠如環境顧問暨《工業生態期刊》編輯邁克·布朗指出，生物模擬似乎會將原本簡單明瞭的目標（避免使用毒物、努力做到封閉迴路、減少能源使用等等）變複雜——凡事都得請顧問說明該如何模仿自然。因此，這會把綠建築帶離大眾身邊，關進象牙塔。但綠建築儘管難以落實，也不是屬於象牙塔的東西。多數時候你只需要相當基本的設備：被動式朝陽方位及熱質量，如果可能的話；外殼效率，包括超隔熱及緊密性；以及節能、大小適當的保暖系統。你不需要顧問、生物學家或博士。

生物模擬、做爲設計指南而非認證的LEED，以及其他一時風潮的問題，都在於他們使玻璃蒙上一層霧：我們知道該怎麼打造一棟節能的建築。在愛斯本，我們正運用厚質的隔熱材料、氪氣窗（編按，於雙層窗戶之間填充氪氣以加強絕熱效果的窗戶）和高效能的保暖系統來建造全新而可負擔的組合屋。轟的一聲——完成了。我們將以這些建築壓碎能源法規，也不會超出預算。正如專案經理馬克·沃基爾（Mark Vogele）跟我說的：「瞧，奧登，根本沒那麼複雜嘛！」確實如此：一旦理解（就像馬克那樣），綠建築就簡單多了。只是對於多數承包商來說，它還是全新的東西罷了。

父親，原諒我，我出不起那筆錢

一如永續經營產業的每一樣事物，建築過程的障礙不是技術。那麼是什麼呢？往往和金錢脫不了干係。

以下個案即說明了可能出現在環保擁護者與承包商之間的緊張情況：建築不是在設計階段，就是設計完成準備興建了。這時環保擁護者會說：「聽著，我知道你的預算已經確定了。但只要現在多出百分之十，用更好的冷暖氣設備、更高級的窗戶，並加強一些能提高效率的小地方，這棟建築在未來五十至一百年（或者更久）的生命週期裡，只需使用現在一半（或三分之一，或百分之二十）的能源。而且這筆投資，不到十年就能回本了！」這段話字裡行間透露的訊息是：「你不懂我在說什麼嗎？那很明顯耶！你們這些呆子爲什麼不做生命週期分析[7]呢？」

但承包商會說：「我了解這些好處。請你原諒，但我不是笨蛋。我了解生命週期分析。但我的預算就是不能調。我沒有多的錢，一毛也沒有。你想要我做什麼呢？我就是出不起那筆錢。」

綠色設計師會言詞懇切地說，你在一棟建築的生命初見雛形時所做的決定和所花的金錢，會影響它一輩子。但如果你沒有錢，你就是沒有錢。

預付成本的問題有一個出路：哈佛大學已經想出的法子。哈佛大學設備及環境服務副總裁湯姆．瓦汀（Tom Vautin）明白，因預付成本之故，哈佛始終沒有安裝品質最好、能長期節能的設備。他也明白這純粹是經濟問題：使用壽命長的建築物就該擁有最好、最節能的設備。純粹基於財務理由，瓦汀的做法是設立循環借貸基金。比方說，工程經理若想以節能效率百分之九十六的鍋爐取代效率百分之八十六的鍋爐，就可以在工程期間借用這筆基金，之後再拿省下來的錢歸還。今天，這筆基金仍在哈佛運作。除了確使建築物盡善盡美，它還有以下附加價值：每用一次，就保護氣候一分。（在我居住的現實世界中，就連湯姆這種簡單確實的計劃都可能碰壁。許多公司最顯著的障礙是管理階層拒絕承認省錢這件事——例如新的節能標準其實可以降低你的預算。目前已有環保供應商會提供「績效保證合約」，公司不必花一毛錢就能做效能更新，再從省下來的錢付款。但就算如此，仍有客戶質疑是否眞能省錢。就像尼爾那樣，蠢啊！）

預付成本還透過一種名爲「價值工程」（value engineering）的程序自我彰顯。價值工程代表建築設計所有問題的總和（艾摩里．洛文斯說，這不會增加價值，也不算是工程），它是一種削減成本的作爲，在建築設計得到最終核可之前進行。它的宗旨基本上在於參考最初成本來排除一些事物或降低原料或系統的等級，完全不考慮長期效益。

在愛斯本高地的一項建築計劃中，我們以「價值工程」捨去一棟大樓的幾扇窗戶，因爲財力無法負擔。當我們的員工進駐該大樓時，它又熱又悶，使員工根本沒辦法工作。於是隔年我們重新在空牆裡安裝窗戶——造價是原始安裝成本的三倍。

儘管事後補做窗戶的成本高出許多，但如果你想要窗戶，那是唯一可能實現的方式！諷刺的是，如果我們回頭重來一遍，我們仍別無選擇，仍會採取當初的做法……因爲我們沒那筆錢！（不過平心而論，此後我們已有所轉變。如果我把同一件案子呈給我們今天的財務長麥特．瓊斯，他會幫我們弄到錢的！）

其實，不該多花點錢蓋綠建築的想法荒謬至極。綠建築仍算是新的東西，因此與例行事務勢必有天壤之別。從你背離標準做法的那一刻，你就要花時間構思新的程序——要開會，要找顧問，要找產品供應商。從第一次綠化會議開始（而且絕不會只有一場），你就已經在增加成本了。另外，建造綠建築本來就是在建造比較好的東西。那自然比較貴。一定如此。但那是値得的，我們總有一天會明白的。

零耗能豪宅？

在愛斯本，最醒目的消費象徵是優勝之家（Trophy Home）——這座城市有一百五十棟樓面面積超過一萬平方公呎的豪華別墅。二〇〇八年夏天，《丹佛郵報》報導愛斯本的度假屋都是貪食能源的豬。「雪茄保濕室和酒窖呼呼作響的馬達，和二十四小時忽明忽滅的泛光燈，」那篇報導概述了愛斯本一家非營利組織索普利斯基金會（Sopris Foundation）所做的一份研究，該組織發現：「有暖氣的車道、戶外熱水池和二十四小時監視系統，每一幢愛斯本度假別墅耗用的電力都比一整條街的普通美國住家加起來還多……因此，這座城鎮的住家所排放的溫室氣體，大部分是來自這些有錢人奢侈的第二個家，雖然許多度假別墅一年僅數個星期有人居住。[8]」根據這份研究，這些度假別墅排放的碳，比愛斯本終年有人居住的住家還多。《丹佛郵報》總結道：「儘管每個度假山莊都存在著這種能源使用不成比例的問題，愛斯本的情況最爲顯著，在這裡，炫耀性消費是地位的表徵。」

位於卡本岱爾，離愛斯本不遠的In電力系統公司（In Power Systems）的安森．佛格爾（Anson Fogel）已成立了一家旨在減少優勝之家能源使用的公司。他是一位「不得不創業」的企業家。他有著一頭紅髮、一個科技腦袋、眼神明亮、聲音低沉得彷佛來自屋裡其他地方，身形瘦削卻有運動員堅忍不拔的體魄——他確實是運動好手，是野山滑雪迷。那家打電話問我怎麼做環保的物業管理公司，就是需要像他這樣的人才。

針對優勝之家的能源使用，安森有一套削減的方案。他說，就新屋而言，你要盡一切所能增進外殼的效能（好的牆壁和屋頂隔熱、好的窗戶和密閉度等等）。然後你要用「地熱交換」（geoexchange）系統來提供冷暖空調：利用地面冬暖夏涼的特質。這個系統也稱作地熱熱泵。你要確定照明、電器和調節系統都是最先進的。你要用太陽能來取得你需要的高溫水，然後你可以視需要盡量增加太陽能發電來造就不同。結果：零耗能住家。安森自己就住在其中一棟。

當然，儘管安森已將自宅打造成零耗能住家，要說服他人起而效尤卻是另一回事。在一項工程的設計階段之初（最佳著手時機），他與建築師（當然是頂尖事務所的建築師）、機械工程師、景觀建築師、以及愛斯本一位計劃建造面積兩萬平方呎的「第二個家」的屋主碰面。

安森談到機會的後續——那位屋主會想削減百分之五的能源使用嗎？或者百分之十，或者百分之百？

屋主斬釘截鐵地說：「我想做到百分之百。這是正確的事情，我想大膽一試。」

程序的第一步是算出一棟建築將耗用多少能源，因爲那決定了在你盡可能調節一切之後，必須安裝多少昂貴的太陽能。所以安森打電話給工程師。「你是用能源十號

（Energy 10）軟體做能源規劃的嗎？」

「能源十號是什麼？不是，規劃不在預算內。我們根本不知如何規劃。」

於是安森求助於建築師，希望找到完成規劃的資金。建築師和屋主洽談，他們說：「這太複雜了。我們沒辦法獲得這個系統的還本資訊嗎？我們已經付給工程師兩萬五千美元了；我們預算裡沒有這筆錢。你可以爲我們做些簡單明瞭的分析嗎？」

儘管覺得不妥，安森還是以一千美元的代價（如同慈善服務）做了分析，指出光是使用最好的鍋爐和最先進的控制裝置，這棟建築三十年的能源成本將達一千萬美元，假定能源價格上揚的話。

爲解決這種能源使用的問題，安森提供三種選擇。他說，使用好的建物外殼、鍋爐及控制裝置等先進系統固然不錯，若能安裝地熱交換系統就更好了，這只需增加三十萬美元的工程成本（總成本保守估計約一千萬美元）。這可減少一半的能源用量。最好的方法是在現場安裝一百七十五千瓦的太陽能設備來減輕其餘的能源消耗。

工程師說：「地熱交換沒用。」

不再對零耗能感到興奮的屋主說：「好，我們不要游泳池。」

設計團隊說：「沒有空間安裝那些太陽能面板，沒人想要看到那些東西。」

於是安森和景觀建築師碰面，請他發揮創意看看能把太陽能面板放在哪裡——不僅運用屋頂，也用庭院、庭院裡的東西、鳥的戲水盆、能用的都用。他們找到足夠的空間來設置七十五千瓦——離他們需要的還有段差距，但已經算是不錯的成就了。當建築師和縣裡的許可團體碰面，一起審查計劃時，太陽能甚至還不在備忘錄上。但這個主題還是不知怎麼被提出了，而審查委員說，「祝你們好運。我們絕對不會讓你們建那種東西的。不管怎麼說，未來一定會有更好、更容易、更有效的辦法，只是現在還看不到而已。你們應該等那個科技。」

安森回去和團隊開會。「我們要怎麼把事完成？」團隊幾乎異口同聲地說：「別在意了啦，那太複雜了。屋主已經決定擱置節能和再生能源了。讓我們忘記這件事吧。」而他們確實這樣做了。

在「驗屍」的時候，安森指出難以克服的三個障礙。第一是媒體（加上布希政府推波助瀾）一直在宣揚科技日新月異的迷思，聲稱我們只要等，便會有東西發展出來，以更便宜、更小、更簡單的方式解決我們的問題（羅姆所說的「技術的圈套」）。如此一來，人們便可將無為而治合理化了（第一號證物是布希政府聚焦於研發氫做為運輸燃料，但這種技術距離成為主流還有二十年——如果真的會發生的話）。如安森指出，那種技術已經發展，價格也已經在降……而到頭來，照射地球表面的陽光，每平方呎只能提供一百瓦的能源，所以不管太陽能面板的效率有多高（目前將陽光轉換成電的效能約在百分之十四至十八之間），它們仍然需要一些空間。

第二個障礙是，許可程序通常會讓像安森提出的這種新穎或有創意的計劃胎死腹中。各縣的許可團體絕不想支持任何被認爲不美觀的東西；另外，他們的工作量太大，沒時間回答沒聽說過的問題（諸如「你可以在地界外挖掘地熱交換井嗎？」或者以我們的實際經驗，第七章所述的CRMS太陽能工程案爲例：「在農地上闢建太陽能發電場是合法的嗎？」之類的變化球。）

最後，安森幽幽地總結道：「事實是沒有人眞的想做任何事。」他認爲：例行事務會支配一切。這多少點言過其實，因爲安森的謀生之道就是和眞正想做些什麼、且爲此莫名興奮的人合作。但如何撼動主流仍是艱鉅的挑戰。

第三個障礙還是回到成本上，這對人們來說絕對不會太低。成本永遠是一道障礙。安森描述有位編著長髮的嬉皮騎著一部市價八千美元的登山自行車到咖啡廳找他，問他如果要讓家裡零耗能得花多少錢。答案是三萬五千美元，而其中兩萬是可退還的。「哇咧，那太貴了！」（才不呢，那幾乎不用錢，安森心想）「他們必須把價錢壓下來。」但

「他們」已經把價錢壓下來了。況且以那部自行車的價格，那位嬉皮已經能做一半了。

黑暗中的曙光？

儘管安森未能順利改造一些優勝之家（但非全部——他還是完成了許多成功的案例，目前也有工程在進行中），他的事業發生了一件有趣的事。接受零耗能的概念且加以落實的不是非常富裕的人家，而是居住在愛斯本「谷底」地區的中產階級，他們常常爲此投入一筆相較於其財富而言頗爲龐大的資金。於是這個產業日益蓬勃。爲什麼中產階級會遠比富裕人家感興趣呢？

安森回答：「因爲這在各方面都比較容易：管理、美學、工程（規模較小）、鄰里街坊的認同——而且屋主也沒那麼忙。他們較有可能覺得，零耗能讓他們看起來更聰明、更酷、更有責任感。」也或許是因爲他們眞正居住在他們試圖改建的房子裡。何況，對中產階級的屋主來說，高耗能產生的電費可不是每月預算的九牛一毛。

在此同時，第二個家一向被此社群視爲龐大的負擔。這些房屋一年之中大部分時間是空著的，使已在危急之秋的住屋問題更趨嚴重，因爲它們占用了某些在地人或許可以居住的空間（雖然愛斯本的平均房價爲五百萬美元，因此少有勞工階級住得起那裡）。

大房子即便空無一人也會耗用能源。它們創造就業，卻無處讓工人棲身。事實上，這些豪宅光是矗立在那邊，就足以讓住屋問題更難克服。

但透過愛斯本零耗能的優勝之家，我們的機會來了。如果你擁有一棟不使用能源的住宅，它一定是靠太陽能面板發電的房屋。當配備太陽能面板的房屋空無一人的時候，它並非毫無用處的：它可以提供乾淨的能源給當地的電力公司，成爲城市的綠能來源，這就叫「分布式發電廠」（distributed power plant）。

亞當．帕默：壕溝裡的另一個視野

要了解綠建築面臨的挑戰，我們必須以比安森更精微的眼光來深入探究。我們必須知道日復一日實際承做綠色工程的承包商怎麼說。亞當．帕默（Adam Palmer）便是這麼一號人物。他在科羅拉多鷹縣進行綠建築工程，也是綠建築的忠實信徒。他以超級綠的方式建造自宅，實現願景。三十多歲時，亞當在維爾度假中心擔任環境協調員多年，也在那段期間組隊參加「橫越美國大賽」（Race Across America），騎自行車環繞美國一周。他愛開玩笑，常若無其事、不動聲色地在你渾然不覺中講出俏皮話。他眼中閃著淘氣的光采，這讓他非常適合爲建築設計奮戰。他不會自視太高。

說到建商在現實世界面臨的阻礙，亞當可列出一長串。我在這裡詳盡引用他的話，是因爲他是技藝高超的綠建築怪咖，更是眞正的壕溝戰士。

「首先，讓我們假設約翰．格林想要蓋一棟綠建築，也已經做好研究、買了地、找了好的建築師和空調系統工程師設計很棒的面陽座向、隔熱良好的住宅，大體都做對了。然後他前往聘請一位總承包商。這些傢伙都是牛頭犬，挖壕溝的，在其領域是經驗豐富的專家。很多人告訴我他們覺得綠建築很棒，會完成屋主想要的一切，但眞正展開作業後，我的經驗是他們會極力說服你放棄你想要的一切，回歸傳統工程。噢耶，工程師和建築師都成了他們的笑柄。」

格林先生：我們的地基想要用ＩＣＦ[9]。

承包商先生：那種東西是垃圾，一言難盡，反正會失效就是了，最好不要用。地基這裡不必做隔熱，那裡溫暖得很。

格林先生：我們想用飛灰的混凝土來做淺式抗凍地基。

承包商先生：啥？（吐口水）

格林先生：我們的外牆想用ＳＩＰ[10]。

承包商先生：那太貴了，訂購時間又太久了。萬一出錯，電工不會喜歡這種東西，鋼骨結構就已經夠好了。隔熱係數超過R-19的東西都沒那個價值。

格林先生：我們想要太陽能熱水系統。

承包商先生：我認識一個傢伙安裝了那種系統，結果不到幾年就壞光光，連屎都不值。那只是在浪費錢，而你會變成白痴。還不如把那筆錢捐給山巒協會。

格林先生：我們想要防氡系統。

承包商先生：那玩意兒是你根本不需要的狗屎，我們從沒安裝過那種東西。

格林先生：請回收工地的木材，如果你們有喝酒，也請回收啤酒罐。

承包商先生：好，酷，沒問題。瓶瓶罐罐，鼓鼓掌。（每個人都同意這點）

「事情就這樣開始。承包商總是能打敗想要綠化的屋主，因爲任何營建商都比屋主清楚數量與規模。屋主不知該做什麼，因爲他不是專家。」

「在我看來，承包商才是方程式中的最大數項，對於綠建築的執行握有最強的掌控力（勝過法規刁難和設計審核委員會（DRB）那群納粹）。」[11]

「我算什麼東西，可以和他們爭辯？他們是這個領域的專家，他們知道自己在幹什麼。於是你就被說服，半途而廢了。一開始的綠建築變成維持現狀的建築，如果你夠幸運，或許平台會用一點Trex（一種回收的塑膠仿木製品）。」

「承包商幾乎毫無動因去建造不同於現今工程的建築。他們不住在這些屋子，也不會幫你出暖氣費。他們靠做他們的工作賺錢，他們也做得很好，而任何改變或威脅到現況的事物都會平添相當程度的不確定和疑慮。嘿，蓋房子是很難的事，得跟性情暴躁的屋主打交道，他想要在耶誕節前看到飾有石灰華（travertine）的木板櫃台和永垂不朽的泳池系統，還要面對DRB、法令狂熱分子、不合標準或永遠找不到的轉包商，以及氣候變遷引起的混亂天氣型態。」

「教育屋主是一大關鍵，但難就難在我們已習慣購買界面擴充套件，而非注意表面下的構造。如法蘭克．蓋瑞（Frank Gehry）這類的明星建築師蓋紀念館般的宅邸是為滿足他們或其屋主的自尊。就算你真的在乎，當你搬進去時，窗上也沒有標籤告訴你每加侖的里程數。當我和人們討論隔熱係數、熱質量、鍋爐效率和空氣滲透性的時候，他們一臉茫然，眼神呆滯。如果過度簡化，就會像《今日美國》那些蹩腳的圓餅統計圖，說你只要透過調降自動調溫器、找人檢查暖爐是否運作正常，就可以拯救地球。我必須承認，我們固然可以在自家裡熱情洋溢地做些好東西，但當我開車經過一家蓋得不對卻價格合理（有這個可能嗎？）的住家時，我會覺得如果能放一點東西進去就不錯了，不會想治好所有的腦損傷。」

「這就是整體社區的綠建築法規能產生效用，製造雙贏的地方。只要提高標準，讓它成爲必要條件即可。然後承包商會知道怎麼依規定蓋房子，知道可能發生什麼事，以及怎麼去做。屋主會得到通過認證的綠建築，有較好的室內空氣品質，也可以在不必花什麼預付款、頭不會痛的情況下省錢。社區和環境都會受惠於原料品質提升和排放量降低。建築師也會開心，因爲法規仍給予他們足夠的創新和創意空間，讓他們能想出最新潮的節能設計而獲得所有暢銷雜誌的報導，就算在現實世界中他們的設計奇爛無比。」

哇！亞當這席話道盡新建築事業的黑暗面。但它指出了廣泛標準——規範——的必要性，這能造就公平競爭，讓想綠化的人成爲慣例而非離經叛道的怪胎。改變建築法令就是我們對付氣候變遷的最好辦法之一，以上。

翻修祖母的房子

新建築只是建築挑戰的一部分——房屋改建業也有其黑暗面，還記得馬茲利亞說的話嗎？如果我們希望解決氣候變遷的祈禱應驗，我們必須整修現有的房屋。全美有數百萬棟房子跟我即將介紹的這棟一樣，是依照軟趴趴的能源效率標準建造的貪食豬。既然知道問題出在哪裡，動手解決就是了嘛！然而，這個範疇也有十分顯著的障礙。一如大衛・羅伯茲（David Roberts）在Grist.org網站上指出：「以今日的技術，我們知道怎麼讓新建築成為淨能源製造者，也知道怎麼整修現有房屋，將其耗能降低一半以上，甚至百分之九十至九十五。只是我們需要有人付這筆錢。」羅伯茲表示類似改建的投資有三大特徵：一、預付款資本密集（勞力成本高）；二、回本速度慢且金額不大；三、最後一定能省錢。「雖有所謂超資本主義……多數投資人仍因前兩項特徵裹足不前。」[12]

《環保建築新聞》（Environmental Building）二〇〇七年七月報導，美國共有一億兩千四百萬個居住單位，不計商業建築。這些單位使用了美國百分之二十一的能源，消耗其百分之三十六的總電力。以上的排碳量共三億三千公噸。我們也必須整修這些建築！

我們需要外界提供資金來啓動企業節能方案，整修舊建築也一樣，因此羅伯茲指出，整建工作顯然是政府必須扛起的責任。「設計這類投資的金融機制是一種保證回收、社會利益可觀且一定會得到政治支持的公共政策——有百利而無一害。」

愛斯本滑雪公司正需要這種機制。地球或許正在暖化，但我工作的地方，我們的櫃台卻冷得要命。整個冬天，在樓下的財務部門，十幾間辦公室和小隔間裡的每一個人，至少都開著一部效能不彰的電暖器。我甚至看過咱們的財務長戴著無指手套打字。爲什麼？因爲我們辦公大樓的暖氣系統運作不良，至少在樓下是如此（大樓其他地方則是太熱）。在一個房間，暖氣要整整連開一個月——還是在夏天。

這個情況或許聽來相當麻煩，也許你會覺得我不該再發牢騷。但這不是什麼無關痛癢的事。這棟大樓——容納著我們性情乖戾冷酷的會計，我們過分熱情的行銷團隊，還有坐鎮大門敞開、暖氣一直放（這不是她的錯）的接待櫃台的芭比——正是氣候戰爭的「原爆點」（ground zero）；我們的未來就取決於整修像這樣的建築了。

問題在於：它困難得邪惡。比方說，在愛斯本滑雪公司的辦公大樓這裡，我們已經「著手進行」了。我們試著修理這頭三十歲的豬，至今已經四個年頭了。而我們已經發現整修所需的成本，不管用哪種理性的財務標準來看，都是需索無度，且幾乎沒有投資報酬率可言的。它因種種原因而難。工程師對何謂「正確的改建」意見不一：每個人都有不同的見解。誰是對的呢？一看到標價，像我這樣的經理就會僅傾向於同意其中幾個應急方案，而非更完整的改建工程。同時，較具關鍵性的工程——例如更換破裂的水管和修理漏水的屋頂——或許會跟我們搶經費。於是，我們發現自己舉步維艱，只好明年再試，而不是花二十五到五十萬美元讓大家開心並節省些許（不怎麼多的）能源。

等等：我們可是一家自動自發的公司，擁有（如果可以老王賣瓜的話）足以將我們推上永續經營運動最前線的紀錄。但我們卻連整修我們兩百五十棟大樓的其中一棟都成問題，那麼世界——以固定「慣例」模式運轉的世界——要怎麼迎接這個勢如摧山的挑戰呢？

簡單地說，沒有全國性補助計劃，這件事永遠無法成功——我們永遠無法克服現有建築的挑戰，因此也化解不了氣候的問題。我們之所以需要這麼一個計劃——把政府、非營利組織和基金會的資金拼湊起來，稱之「振興建築計劃」之類的——是因爲目前只有道德最崇高、行事最積極的個人和公司在付出心力，而絕大多數的屋主仍袖手旁觀。我們需要一個計劃來爲改建工程支付部分經費，挹注資金讓其投資報酬率可爲人接受，或至少讓改建的代價沒那麼令人望之卻步。

這個計劃必須盡快出爐——刻不容緩。當科學家表示我們有十年的時間來更換所有欠缺效能、糟蹋氣候的基礎建設時，我們的建築——你目前所在的建築——也包含在內。說得更實際一些，我擔心如果我們再不趕快做點什麼，我們的財務部恐怕將人去樓空了。

其實，進步的政府和基金會已經在朝這個方向前進了。感謝肯鐸基金會（Kendall Foundation，一個將對抗氣候變遷視爲聖戰的傑出組織）的補助和領導，麻州劍橋已展開一項計劃資助諸如此類的建築節能工程。加州柏克萊也貸款給屋主安裝太陽能面板。屋主透過幾乎察覺不出的增收財產稅分二十年還款，因此城市也從中受惠了。

抗拒改變是通病

五年前，愛斯本滑雪公司開始在豐雪山莊設計一些簇新的豪華住宅。這些分戶出售的大樓位於海拔八千呎，因此空調應該不是必備裝置。但在頭幾次與設計團隊的會議中，這些大樓將安裝「全氣候調控系統」的事態愈來愈明朗。我難以置信。我們爲什麼要在海拔這麼高的洛磯山脈裡裝空調？這裡的溫度鮮少令人不適，而我們明明可以設計出不需空調就能提供舒適的建築物啊？

「我們明白，」工程經理說。「但在高檔市場裡，如果沒有全氣候調控系統，商品根本賣不出去。」從能源的立場來看，這顯然是一步死棋。空調是非常耗能源的。

如果我們打算克服氣候的挑戰，我們必須以一種更稀有的資源來取代能源——智慧。事實上，就豐雪住宅大樓的案例而言，我們做到了。設計團隊的一位成員在仔細衡量這個問題後，注意到大樓不遠處有一面湖泊（其實是三級污水處理池）。爲何不用相對溫暖的湖水做爲吸熱裝置，在冬天提供溫暖，在夏天提供涼爽呢？他提出的機械系統叫「池水熱泵浦」（pond-source heat pump），而它的運作原理就跟你家的地下室一樣。因爲地面溫度終年都在華氏五十七度（攝氏十四度），所以你家的地下室會有冬暖夏涼的感覺。池水也有類似的恆溫現象。而不管是以池水或以地面爲來源，熱泵浦都不是新的技術：他們已經存在近一個世紀了[13]。這種系統一般都能立刻將一棟建築裡的能源用量攔腰折半。

最後，我們用這種系統設計出聖殿（Sanctuary）住宅大樓，讓食品級的丙烯乙二醇（propylene glycol）在池裡的一組線圈中循環。

我們在啓用這個系統後……碰到許多問題。工程經理過來找我，說著標準的抱怨：「瞧，我們試了新的東西，然後碰到一大堆問題……」但你去問任何一位工程經理，他前一次按照慣例進行的工程，一開始的運作是否完美無瑕。答案都是：「當然不是。」那麼綠建築爲什麼該套用比較高的標準呢？因爲它是綠的。

在該系統正式「服役」後，它運作得跟傳統系統一樣順暢。事實上，我們也在附近一座高爾夫俱樂部安裝了同樣的系統，並贏得LEED的銀質獎。但這兩個系統仍進行嚴密監控中。

改變爲什麼這麼難？每當我問人爲什麼要以某種特定的方式做某件事，而得到「因爲我們一直都是那樣做」的答覆，我的直接反應總是：「好蠢的答案。」但組織裡的老鳥以他們那套方法做事是有理由的，而這也說明了改變爲什麼會這麼難：維持現狀是可以運作的，而改變有時是不便的，麻煩的，甚至是錯誤的。你必須明白這點，才可能予以克服。

尋找善男信女

所以，我們該怎麼辦？

簡單地說——領導力與才幹。身爲屋主，你必須認清最重要的事情——節能——並堅持下去，不爲爭取體面的LEED評等，而是大量的能源績效。當工程師說：「做百分之五十的節能太貴了……要不要做二十就好？」我們太容易嘆口氣，回說「好吧」。這樣是不行的。套句邱吉爾的話，你必須「決不放棄，決不、決不、決不、決不。」[14]

而如果你失敗了，不要告訴世界你的綠色評等，請談談你爲什麼失敗，如何失敗。沒錯，那會令人驚慌而難堪，甚至或許會損害你的事業。但其實不會。聊聊你的錯誤將能展現你的誠實與光明磊落，對於更遠大的志業有益無害。

在此同時，你必須有適當的人與你共事。沒錯，在辛巴威有一幢名爲東門（Eastgate）的知名建築，外型像仙人掌，也會自行遮蔭及散熱。但該建築能夠成功不是因爲它長得像北美巨型仙人掌，或者會像白蟻塚那樣呼吸，使某位經理不必多費唇舌便能說服人們以不同的方式行動、計劃和工作。它能成功是因爲屋主堅持高效能，還有它的建築師米克·皮爾斯（Mick Pearce，目前正在墨爾本施展他的魔法）是個天才。而這正是麻煩所在。成功的綠建築仰賴合格的綠色工程師、建築師和建商配合極度要求節能的屋主之領導。但因爲有此等經驗、才幹和領導能力的人供不應求，屋主無可避免會步入以下過程：

一、聘請一位你曾合作過也頗爲欣賞，但沒有綠建築經驗的一般建築師。

二、聘請一般的機械工程師——換句話說，一家瞻前顧後、因而過度設計太陽能輔助空調系統的公司。

三、然後任意修改這已注定失敗的過程，不是做些小變動，就是花更多錢聘請一位綠顧問讓屋主得以託付神聖的品質。

四、做了些許變動，但未能完成有別於一般建築的東西，最後蓋出一座符合規範的建築，一如許多獲得LEED認證的新大樓。在「價值工程」階段捨棄大部分先進的東西。自稱工程「綠色」，實則平凡無奇。

五、宣布勝利，但明白你其實一敗塗地，更糟的是，你已爲未來的失敗建構了一張「成功的藍圖」。前去告解。

六、不和任何人分享你的錯誤，活在深怕錯誤被發現的恐懼中。移民海外。

終歸一句，我們必須找到讓綠建築更可行的辦法。一位營建經理曾經問我：「要蓋綠建築必須經歷何種過程？」（他的第一個問題是：綠建築是什麼？）我本來應該可以給他一頁A4大小、簡單扼要的說明，但我手邊沒有。每位工程經理都必須能簡單扼要又清楚地敘述這個過程。

從屋主的觀點出發，綠建築該這樣進行：

一、聘請技術嫻熟，完全投入這個理念的建築師、工程師和承包商。他們不見得要是綠色的，但必須明白他們是爲你工作，明白你付錢給他們是要建造一棟合乎預算的綠建築。

二、提供一張「路線圖」，詳盡描述綠色營建的過程和目標（後文將深入探討路線圖的部分）。

三、確定有一位專案負責人，最好是牛頭犬型的人物來督促大家。整個過程都要保持警戒。

四、竣工之後，和大家分享你的成就，但也要分享無可避免的缺失。可舉行討論會，或透過寫書、雜誌撰文及上網貼文等其他媒介發表心得。

五、讓你的下一棟建築比這棟更好。

就算你做到以上種種，讓彼此不認識、不見得有同樣使命感的轉包商齊聚一堂，仍是我們逃避不了的問題。如蘭迪．烏達爾所言：「倘若滑雪這行的運作方式跟建築業一樣，你得和除雪工人簽約來清理坡道，得每天早上到街角雇用滑雪巡邏員，行銷工作或許要外包給印度……等等。然而，你們卻從上到下垂直整合了。那營建業到底是怎麼回事呢？」艾默里．洛文斯也說，如果汽車業像營建業那樣經營，早就不知倒多久了。

前方的路

我們還可以採取其他一些步驟向前邁進。第一個步驟是改變綠建築的討論會，讓它們確有其用。現在，這些會議只是聚集了一批顧問、建築師、規劃師、建商和工程師企圖透過展示他們的計劃來得到工作。所有與會人士都有避免承認錯誤的動機。（你可以想像有建築師站起來說：「天啊，我們把這棟建築搞砸了。且聽我一五一十道來。」）會議籌辦單位應該邀請願意深入建築過程核心問題，以及討論怎麼把它做得更好的演說者與會，在過程中揭露他們的錯誤，並教導人們如何避免。簡單地說，我們需要誠實的討論，而不是銷售工作。

再來，我們必須把焦點擺在承包商的能力和幹勁。如果團隊成員心不甘情不願，或者技術不夠高明，你是蓋不出綠建築的，但我們卻常常這樣硬幹。就多數公司而言，愛斯本公司也不例外，要捨棄通過驗證執業已久的一般建築師，而聘用不是初出茅廬就是事務所不在本州的綠色設計師，是很難的一件事。說句公道話，綠色設計師可能同時代表實質的危機和實質的潛在成本。況且，建築是非常人治的行為。你選擇某位建築師（我們愛斯本也是一樣）是因為你認識他，因為你們一起泛過舟，或是因為你欠他人情。這就是現實。但你不能既要用才能平庸或不學無術的建築師和工程師，又希望綠設計程序能造就貨眞價實的綠建築。那不會發生的。但我們也發現，如果你用了了解綠設計的建築師，你已經成功一半；如果你也用了了解也在乎能源效率的機械工程師，一切就搞定了。

第三，我們必須聚焦於改變規範，特別是節能規定。許多先進的城市都這麼做了。愛斯本和克里斯布特是科羅拉多州的兩個例子。修訂商業及住宅法規，只要大筆一揮，對環境的貢獻勝於零星建造綠建築數百年。將LEED的影響力和聚光燈轉移到正式法規之上，是促成我們迫切需要之宏觀變革的一個方式。

我們也需要投資執行方案。《環保建築新聞》的艾力克斯・威爾森（Alex Wilson）建議，基於問題的嚴重性，美國需要一支「環境服務部隊」（Environmental Service Corps），類似羅斯福總統的新政公共資源保護隊（New Deal Civilian Conservation Corps）和甘迺迪總統的和平部隊（Peace Corps）。根據威爾森的說法，這支部隊能「要求男女投入兩年生命替國家服務，特別是在高中或大學畢業後——他們可落實各式各樣的計劃，來協助我們的國家降低氣候變遷大禍臨頭的可能性，同時適應氣候變遷所造成的各種變化。」[15] 威爾森的構想不限於有關建築物的工作，更擴及生態復育及造林等重大計劃。他的想法對極了。這會是一支氣候尖兵部隊，透過實行一些我剛從大學畢業時所做的齷齪工作（能源技術員），爲他們的孩子保護地球。這樣的投資會不會太高？

我認爲，任何代價都是合理的。史丹佛大學氣候科學家史蒂芬・施耐德（Stephen Schneider）指出，面對冷戰——一個發生機率低但後果嚴重（美蘇核子戰爭）的問題——之際，我們砸下了天文數字的金錢。但面對氣候變遷這個百分之百一定會發生（事實上是已經發生）而後果同樣不堪設想且多少無可避免的問題，我們卻紋風不動。而我們紋風不動是因爲領導人告訴我們那對經濟的傷害太大了。但誠如哈佛大學約翰・霍德倫（John Holdren）所言，我們從未因爲代價太高而耽誤到反恐戰爭[16]。

最後，我們必須想辦法讓綠建築更爲大眾接受。

LEED就是這樣的嘗試，但它有儼然變成祕密語言、與原意背道而馳的問題。既然LEED是一種認證制度——而非路線圖——我們最妥當的做法便是忽視LEED，直到蓋好建築爲止。一旦大樓竣工，我們可以看看我們有些什麼——然後必定能通過認證。這種做法可讓我們秉持誠信，避免被認證制度牽著鼻子走。美國綠建築協會認可的「LEED營建工序」（LEED Construction Process）就比較好了，那是一本綠建築的手冊，從地面規劃到屋頂板都有介紹。

做愛——讓房裡溫暖起來

歸根究柢，綠建築運動的成敗或許取決於我們能否當個好老師，而非建造者。通過LEED的審核條件遠比告訴他人如何蓋一棟綠建築容易。不過話說回來，聽聽設計師或建商說說戰爭的故事，更是一件饒富趣味和價值（而且好玩！）的事。

當我就讀包德恩學院（Bowdoin College）時，有位名叫傑克・艾里（Jack Aley）的老師擔任環境研究課的客座講師。他談到他在緬因州海岸建的房子。每次講完課，他都會回到一個中心思想：「簡單確實！被動式太陽能！坐北朝南！超強隔熱！熱質量。那既簡單又確實！」傑克用環保柴爐來提供溫暖，但他說那太難買到了，你還是靠做愛來使房間溫暖起來吧。這令人困惑的綠建築領域，經傑克叫嚷個三兩句便簡單多了。

狹隘的十誡

坦率直接、嗓門奇大的傑克雖是伊利諾州出身且在達特茅斯唸大學，卻是典型的仗義執言的緬因州人。或許我們就是需要這個來補足我們的整合程序和生物模擬和LEED和生命週期分析：極度坦率而狹隘的綠建築十誡。

一、除非你有意志堅定的屋主、充分的時間以及優秀的工程經理，否則不要碰綠建築。
二、著重才幹：聘用你所能找到最優秀的工程師，堅定的建築師，以及深信不疑的營建公司。
三、找最好的檢測員：絕不妥協，不容任何藉口。
四、壓榨顧問。
五、在完工前別去管水果沙拉（認證）——用它來檢驗你做得如何。
六、別忘了轉包商——他們才是地面部隊。
七、把注意力集中在節能，而非竹子地板。
八、別愛上再生能源或稀奇古怪的環保產品，生態模擬也留待明天再說。今天，只要把該做的做對就好。
九、超強隔熱、填隙、坐北朝南。
十、當個偏執狂：要做性能驗證[17]。

還有第十一項，意思跟性能驗證一樣，至少就住宅營建來說：如果你可以靠做愛來提供溫暖，那就好極了。

綠建築的Coda

儘管通往全面採用綠建築工法的道路上有那麼多障礙、陷阱和坑洞，這個領域仍慢慢生根，即便是在最疲憊、最傳統的承包商之間也是如此。就算你仍無法在一般的市郊買到綠色住宅，但看到綠色的種子在既有環境中開出各式各樣的花朵，說不興奮絕對是騙人的。

我曾在自己綠建築事業陷入低潮之際瞥見這道光——建築業的綠色運動確實擴展了。二〇〇七年十一月，愛斯本滑雪公司一群工程經理接近完成「假日之屋」（愛斯本一個可容納六十個床位的住屋計劃）的改建工作。這項工程特別之處在於我們是讓一家頹圮的老旅舍煥然一新，且成爲綠建築的典範。更棒的是，本人執掌的永續部門除了替一個將在完工後安裝的太陽能系統尋覓財源，其餘完全與該工程無涉。這就是綠色倫理已在全公司廣爲蔓延的指標。

在馬克・沃基爾和比爾・波伊德（Bill Boyd）接下工程前，這棟建築僅有百分之二十符合當地能源規範。在他們往牆裡及屋頂吹入高隔熱泡沫塑料、安裝隔熱效果爲傳統窗戶四倍的氪氣窗、翻修暖氣系統並置入節能設備及熱水器之後，新建築變成以百分之二十的差距擊敗能源規範——相當於提升了一百個百分點的能源效率。

這麼說並不誇張：像這樣整修老建築的工程將是我們這個世代最具體的拯救氣候方案，就像開闢農場是一八五〇年代的美國人的工作，或打敗希特勒是二十世紀「最偉大世代」的使命。太陽能及其他再生能源技術、電器節能和碳稅都會在政策、政府及大企業的範圍裡發生。但所有美國人或多或少都必須投入整修住宅的工作，用自己的雙手，自己出部分費用。

就在完工前不久，一個涼爽、晴朗的十一月夜，假日之屋失火，燒得精光。因爲這個工程已經投資了那麼多金錢與人力，我寫了封電子郵件慰問數位工程經理。以下是愛斯本計劃副總裁大衛．柯賓給我的回信。

> 謝謝你的關心和慰問。看到大樓在我們付出那麼多心血後付之一炬，眞是令人心碎。重新展開大樓的許可程序，更是叫人悲不可抑。但，我們會從頭來過的。

你應該會很高興地知道，在昨天晚上打電話回工地的轉包商中，包含兩、三個那種大剌剌的建商，他們眞的彼此在私底下聊說，很難過看到那棟建築失火，因爲那是他們參與的第一棟眞正的綠建築，而他們覺得那是很酷的東西。綠建築的倫理標準已慢慢蔓延到整個營建業了。人生眞是有趣啊。

註釋

1. 數據請參閱 http://www.usgbc.org/showFile.aspx?DocumentID=3340 及 http://www.usgbc.org/DisplayPage.aspx?CMSPageID=1718。這項估計乃以二〇〇二年平均每戶二萬六千磅排放量爲基準。固特異小型飛行船的體積爲二十萬兩千立方呎，相當於兩萬三千磅的二氧化碳。
2. 馬茲利亞，二〇〇三年。
3. 本章有些資料出自二〇〇五年我和蘭迪．烏達爾合撰的一篇論文，感謝他允許我使用這份資料。
4. 「終點毫無意義，路才是一切。」是凱瑟的名言。第一個說這句話的人可能是法國史學家朱爾．米西列（Jules Michelet）——凱瑟喜歡引用他的話。
5. 史丹與萊斯（Reiss），二〇〇四年。
6. 法蘭哥斯（Frangos），二〇〇五年。

7. 生命週期分析考慮了某建築物或產品完整壽命期間的相關成本，而不只是生產或建造階段。舉例來說，如果你在買新車時進行生命週期分析，那麼你或許會決定買比較省油的車子。

8. 力普夏，二〇〇八年。

9. 隔熱發泡體（Insulating Concrete Forms），一種泡沫塑膠，建商會灌混凝土進去，具有極高的隔熱價值。

10. 結構隔熱面板（Structural Insulated Panels），在泡沫塑膠外層鋪上回收夾板製成的牆面。這種面板非常節省能源及原料，已爲業界廣泛使用，成效卓著。

11. 說好聽點，DRB是透過阻止人們在自有地上做一些傷害鄰區或（但願不會這樣）降低附近房地產轉售價值的事情，來保護社區大眾的利益。說難聽點，他們是在踐踏私有財產權、增添繁文縟節、消滅個人主義及獨特性，以便讓每條街除了街名不同外，長得都一模一樣——成爲住宅開發區的縮影。DRB也傾向禁止懸掛曬衣繩。

12. 羅伯茲，二〇〇七年。

13. 一般來說，像這種「以地面爲來源」的系統，使用的技術就跟「洞穴」一樣，這就是爲什麼洞穴會是人類最早的棲所——甚至在人類還不是人類的時候就出現了。

14. 邱吉爾於哈羅公學發表之演說，一九四一年十月二十九日。

15. 威爾森，二〇〇七年。

16. 霍德倫，二〇〇八年。

17. 性能驗證，如第五章所述，指由第三方來檢查暖氣系統，確定安裝恰當。

第九章

老王賣瓜，以及其重要性

「會說故事的人將統治社會。」

——柏拉圖（Plato）

氣候戰爭是我們這個時代的關鍵問題。就連長期否認這個問題（或者承認有此問題但否認有採取行動之必要）的喬治．布希，都開始改變立場了：他終於在二〇〇七年的國情諮文演說中提到「氣候變遷」一詞，並在卸任前一年針對這個主題舉行高峰會（無任何結論）。澳洲——除美國之外唯一未簽署《京都議定書》的主要西方國家——總理於二〇〇七年戲劇性且極為難堪地下台，一大主因就是他的氣候立場。而其他多年來砸下重金資助反氣候行動、極力混淆視聽的厲害嫌疑犯，如埃克森美孚執行長雷克斯．提勒森（Rex Tillerson），也都改變說辭了：提勒森最近宣布中止該公司長久以來的否定言論，也不再資助否定言論[1]。

然而，正當媒體對氣候變遷及綠色運動的狂熱似乎來到永不退燒的高潮，一家公司的一位行銷人員找上我，問了這個問題：「我知道地球暖化正如火如荼，但接下來還會發生什麼事？明年會發生什麼大事？」我啞口無言了。氣候變遷可不像八〇年代的迷彩服，是會消退的潮流。然而，儘管有驚人的科學證據和媒體風暴，氣候變遷仍不在世人的雷達偵測範圍，仍不是作家比爾．麥基本所說的「燃眉之急」。為什麼？

當你回你老婆位於奧克拉荷馬的娘家吃晚餐，桌邊的話題轉向氣候變遷，幾乎都會有父執輩的人說：「那個科學不是有點問題嗎？」如我們在第二章所見，完全沒有任何問題。「共識」或許不是什麼好詞，因爲那暗示著一群自由派人士躲在小房間裡圖謀不軌，因此不如這樣想：世界各地成千上萬說著不同語言、信奉不同意識型態的科學家，在不同地方用不同方法各做各的研究，卻全都導出同樣的結論——地球正在暖化，而起因是人類。人爲造成的暖化碰巧是事實。俄國派往格陵蘭的冰核鑽測員碰巧與美國派往南極的冰核鑽測員意見一致。

長輩們的懷疑有很大部分是源自埃克森美孚極其成功的行銷，根據《瓊斯媽媽》（Mother Jones）雜誌二〇〇五年一篇報導（後來得到埃克森美孚本身的證實），該公司至少資助過「四十個不是企圖暗中詆毀以地球氣候變遷爲題的主流科學研究結果，就是與一小群續持『懷疑』論點的科學家過從甚密的組織」。在智囊團之外，埃克森美孚也資助TechcentralStation.com（提供『新聞、分析、研究與評論』的網站，二〇〇三年收了埃克森美孚九萬五千美元）等類新聞機構、一位福斯新聞網（FoxNew.com）的專欄作家，甚至宗教及民權團體。從二〇〇〇年到二〇〇三年，這些組織總共收了八百多萬美元[2]。而這不過是冰山一角。長年資助誤導性活動的可不只埃克森美孚，還有其他許許多多的煤及石油業者。

高爾的氣候保護聯盟（Alliance for Climate Protection）未來三年將花三億美元進行

一項旨在讓美國人起身對抗氣候變遷的推廣運動。何必呢？他不是應該致力於降低二氧化碳排放嗎？

推廣環保非常重要，因爲事實愈來愈明顯：氣候變遷或許根本上就是一個公關和行銷問題。誠如高爾所了解，若不進行龐大的反行銷運動，我們將無法凝聚社會意志來對氣候變遷採取二次世界大戰規模的行動。愛斯本滑雪公司也有同樣的結論。行銷也是我們重要的手段。

我們的社會必須經歷文化變革——此變革必須觸及富裕及富影響力的觀眾，也就是我們的客戶——爲加快變革的腳步，我們發動了一項著眼於氣候變遷的廣告宣傳活動，名爲「救雪」（Save Snow），廣告上有一座白雪皚皚、美不勝收的山中盆地，上頭有一片雪花正在融化。文案則是這樣的：

雪：死亡證明書
全名：雪
別稱：雪花、雪片、白雪、冰雪等
死亡年齡：永恆

外觀：白色、冰冷

病史：自工業時代濫觴即患病

致死事件：地球暖化污染、對氣候變遷的公然漠視

嫌犯：人類

死因：無知、冷漠

愛斯本／豐雪度假中心上一季的降雪量差點創新高。請上www.savesnow.org參與我們的救雪運動。

這則廣告的重點可分為許多層面來說。第一，就純廣告的立場，它的目標是突顯愛斯本滑雪公司的不同。所有滑雪度假村的廣告，以及所有有關滑雪的文章，看起來都如出一轍：一名穿著體面的滑雪者在蔚藍晴空下漂過數呎白雪。任何有別於此的東西都會引人注目。第二，我們想要透過一個教育性的網站來啓發滑雪的基本群眾。這個網站上有世界級滑雪和雪板好手的見解，以及聚焦於政治行動的氣候訊息，它指引網友寫信給他們的議員，為驅動政策革新付出一份心力。最後，這項宣傳活動試著面對——及抗衡——這個悲慘的現實：氣候政策之所以陷入停滯，部分是因為持反面意見的社群太會行

銷（例如埃克森美孚的運作）。

愛斯本滑雪公司的廣告企圖以毒攻毒，投入行銷經費來解決這個問題，如果成功，對生意及對氣候皆有助益。光靠自己埋頭苦幹是不夠的——你必須拖別人下水，把話傳遞出去。

但這種宣傳會產生一個弊端：從你著手做這類事情，或更露骨地談論你的環保工作的那一秒起，你就難逃被指控爲「環保詐欺份子」或「僞君子」——即俗稱之「漂綠」——的命運了。

漂綠對環境有益（……如果你被抓到的話）

漂綠不好的地方在於它欺世盜名。但如果我們要極盡權謀、不擇手段地拯救地球，那麼漂綠對於環境本身或許沒有那麼壞，道德就先撇一邊了。

根據「Word Spy」這個專門解釋新字詞的網站，漂綠的意思是「實行象徵性有益環境的做法，以遮掩或轉移世人對既有損害環境作爲的批判。」但漂綠也是公然欺騙。把木材伐運計劃定名爲「健康的森林」？這是漂綠。把一項遭到環保團體嚴厲譴責的降低污染方案稱做「晴朗的天空」？這也是漂綠。一家汽車製造商一方面反對更嚴格的省油標準，卻又在《紐約時報》全版廣告中誓言減少溫室氣體排放？這還是漂綠。

愛斯本滑雪公司很早就認定，要宣揚我們的環保工作並驅動業界內外的革新，唯一的方法便是透過文章、公關和訪問大肆宣傳我們的成果，完全不擔心被指責爲漂綠。

以往在公開談論愛斯本滑雪公司的環境計劃時，我常會描述我們風力發電的馬戲團（Cirque）升降機。我會告訴聽眾，爲那部升降機購買的再生能源每年可減少排放三萬磅的二氧化碳——最重要的溫室氣體。另外，它也是全國第一部以再生能源爲動力的升降機。

聽眾常會爲此成就喝采。但接著我會告訴他們，他們被漂綠了。

我會說的第二件事情是，馬戲團升降機使用的電力僅占我們總電力的百分之〇．〇〇四五四。它只是我們再生動力計劃的第一步，我們打算將風力發電採購量（向非REC來源購買）提升至百分之二，再來至百分之六，如果一切順利，希望在二〇一一年達到百分之百。對滑雪這種能源密集產業來說，那是個不算壞的成就。但就馬戲團而言，這項初步風力採購計劃其實大可被扣上「妝點門面」的帽子，因爲它的背後並無偉大計劃支持。馬戲團的故事說明了在環保意識高漲的年代，要當個消費者或開家公司有多難。雖然消費者必須隨時防範可能的漂綠，但企業更需要他們願意賞識——並讚揚

——名實相符的保護環境行動。

話說回來，如果漂綠在道德上啓人疑竇，或許還會使企業面臨進一步的監督和批判，爲什麼那麼多公司在做？

答案是他們嗅到了一股新崛起的趨勢。理論上，美國消費者會愈來愈在意產品及製造商對環境及社會的衝擊。據《健康及永續性生活方式》（Lifestyles of Health and Sustainability）期刊指出，二〇〇〇年樂活（LOHAS）市場的全球總值達五千四百六十億美元，其中美國就占了兩千兩百六十八億。這是個很大的市場，如果世人都決定開始循此原則生活的話。在此同時，對石油公司等需要在地及政府批准探勘的企業來說，綠色的形象相當於「營運執照」。如果鑽井是無可避免的，何不把合約簽給擁有綠色聲譽的石油公司呢？

可惜，誰在漂綠、誰是眞心，這界線不見得清楚。

約書亞・卡令那（Joshua Karliner）在著作《企業星球》（The Corporate Planet）中痛批杜邦的一項公關活動。「廣告中滿是擊掌的海豹、跳躍的鯨豚和飛舞的紅鶴，用貝多芬的《歡樂頌》當配樂，以投射該公司新發現的綠色形象。[3]」但杜邦確實可以號稱是綠色公司：它已經達成在二〇一〇年前減排百分之六十五溫室氣體的目標（以一九九

○年的底線爲基礎）。沒什麼好嗤之以鼻的，而且杜邦在環保社群中已經有不少粉絲了。

另外，在一九九○年代，當奈及利亞作家肯恩．沙羅維瓦（Ken Saro-Wiwa）因抗議殼牌石油在非洲的探勘而遭處決之際，該公司正創下企業環境責任的新低[4]。爲因應杯葛，殼牌推動了一項大規模的社會及環境責任公關活動。二○○一年，非政府組織企業觀察（CorpWatch）報告指出，殼牌「仍持續它聰明但欺騙世人的『利潤或原則』廣告系列，那標榜殼牌對再生能源的執著，以翠綠蓊鬱的森林照片爲號召，但殼牌每年花在再生能源上的費用，僅占總投資額的百分之○．六而已。[5]」今天，儘管該公司已大量投資再生資源，並於數年前推出一則廣告來宣傳其燃料的環保性，它在奈及利亞和其他地區的困境仍未改善。研究顯示殼牌可能仍言過其實。同業BP也一樣，雖然它已將公司名稱從英國石油（British Petroleum）改爲超越石油（Beyond Petroleum）。二○○七年BP宣布將花三十億美元投資加拿大的油砂——所有燃料中最髒的一種，也是地球最大的生態浩劫之一（殼牌也已經加入加拿大油砂的狂流）。

通用汽車堪稱近年來的漂綠鼻祖，二○○七年秋，它在《紐約客》和《連線》（Wired）等大雜誌推出一則全國性的廣告。這則全頁廣告以陽光照射的蜘蛛網爲主圖，還搭配了一本可拆下來的夾冊，上面寫著：

人人欣賞「從省油到免油」的科技。那就是二〇〇七年雪佛蘭爲什麼要推出八種每加侖可在高速公路跑三十哩以上的車款，以及比任何品牌都多的、以乾淨燃油（多半是再生的E85乙醇）爲動力的車型；也是爲什麼我們要在今年秋天提供Malibu及Tahoe兩款美國首見的標準尺寸混合動力休旅車，以及爲什麼要投入大量設計和工程資源來將雪佛蘭伏特（Chevy Volt）——我們的續航電動車——的概念化爲實體。現在那是人人欣賞的科技了。多做些，少用點。請上chevy.com查詢你該怎麼做。這是一場美國革命[6]。

當你讀這本小冊子時，漂綠的痕跡便愈來愈明顯。第一頁的重點是燃料效能。不管該公司在這方面說了什麼，眾所皆知的是通用汽車強烈反對，並持續反對聯邦政府增加車輛哩程標準（豐田汽車等公認的綠色領導者亦如是）。而就算這還不足以構成問題，那就看看通用自吹自擂的車款——Silverado和Tahoe，每加侖在市區和高速公路分別只能跑十四和二十一哩。對照：Model T每加侖可跑二十五至三十哩，而美國平均運輸燃料效率是每加侖二十一哩。

翻開次頁——通用汽車改談E85乙醇。以E85爲動力的卡車和非彈性燃料的卡車並沒有什麼差別，也不會更有效率。況且也不是綠色企業的福特汽車製造那種卡車已經快十年了。再翻開次頁，你會看到雪佛蘭伏特——到本書付梓之時你還買不到的電動車。再翻開次頁你會讀到通用的燃料電池效能。這東西如果是可行的技術，早在二十年前就可行了。這也說明了布希政府何以投注這麼多心力在燃料電池上：在他們的任期內，這項技術就算毫無進展也無所謂。

正當這個廣告活動達到高峰，通用汽車副董事長鮑伯・魯茲（Bob Lutz）在二〇〇八年元月告訴記者地球暖化「完全是胡說八道」[7]。稍後他試圖緩和此番言論的殺傷力：「我是表示懷疑，不是否定。」

魯茲也表示，豐田Prius之類的油電混合車「毫無經濟意義」，因爲它們的價格永遠壓不下來，而諸如克萊斯勒推出的柴油引擎車也不合經濟效益。

最後，小冊子的最後一頁的標題是「一些大家可以立刻去做，以挽救地球的事。」其中一項建議是停止使用電話簿。看到這裡，如果你還沒作嘔，那你一定是通用的員工。當垂死之人跟你說「自我感覺良好」，會長命百歲的時候，你不會出言反駁，因爲那太傷人，也毫無意義。通用汽車就是這樣，一家瀕臨滅亡的公司。（值得讚許的是，通用汽車正以伏特車款（充電型油電混合車）爲核心進行重建。那值得鼓勵。只是，爲時已晚。）然而，也與一般直覺相反的是，漂綠——不論是確有其事或只是旁人的感覺——雖有損企業的誠信聲譽，卻可能確實有益於環境。一旦某家公司開始大肆宣傳其環境責任，無論正當與否，它都會形成巨大的壓力——公司必須言出必行。這也會招來大眾、媒體、員工和監察團體更嚴密的監督。光是激發員工這項，就是極強的催化劑了。如果一家公司無法遵循它公開設立的標準，員工會抱怨，也會努力改變公司，因為沒有人想替騙子工作。

在愛斯本滑雪公司，我們許多新計劃的概念皆來自怒氣騰騰的來電者，他們會說：「你們沒有你們說的那麼環保——你們沒有——（塡充題：做正確的資源回收、重新植育坡道、解決造雪的問題等等）。」來電者常常提出各種好的構想，而我們會加以實行。假如我們並未自稱環保，會接到這些電話嗎？把公司漆成綠色，必定能促使它做出改善。

如果愛斯本滑雪公司幹了什麼好事——例如在美國提高柴油標準前就以乾淨、再生的生質柴油做雪車的動力，或者以泥土建造滑雪板運動的半管（halfpipe）來節約用水——我們一定會發布新聞稿，因為我們相信民眾和其他公司必須知道什麼是可行之道。事實上，身為滑雪領域的環保領導者，總是小題大作的愛斯本滑雪公司可說已迫使同業進行變革，甚至協助引發軍備競賽了。如果我們始終謙沖自牧，保持沉默，其他度假中心就不會感覺到競爭壓力了。

如果公司因爲怕被貼上漂綠的標籤就不敢宣傳他們做得不錯的環境計劃，那麼什麼都不會改變了。平凡無奇的資訊已經充斥市面。進步的綠色資訊則不然。帶著改變世界的希望把話傳出去，是值得一冒的風險。

針對本公司持續而無恥地宣傳環保工作，附近一家滑雪度假中心（我們的對手）的一位高級幹部曾說：「我們不需要每做一次照明更新都發布新聞稿。」我認爲這句話不正確。基於兩個理由，你確實需要發布新聞稿：你的使命和你的事業。因爲我們需要每個人皆起身力行氣候行動方案。這應該是每家公司都要具備的觀念，除非你的使命是全球暖化。

這可以給事業什麼樣的幫助呢？我們的環保工作已經獲得《時代》、《戶外》（Outside）、《新聞週刊》（Newsweek）、《商業週刊》及國家廣播電視網財經新聞網（CNBC）等媒體報導。我們的公關部門爲愛斯本／豐雪的品牌定位增添了現金價值。光是登上《時代》雜誌的價值就不下十萬美元；而《商業週刊》更有超過百萬美元的價值。

綠化的動機無關緊要……只要去做就是好

在永續經營的領域裡，我們說到企業著手對付氣候變遷是受到利潤、投資報酬率、更好的員工生產力等因素驅使。擁護這些動機的經理人被視爲有遠見、進步且「深綠」。但企業和個人往往不敢明言，他們的綠色工作背後其實是有利益動機的。

我們的文化始終覺得：個人和企業應出於「心地善良」來從事環保工作。環保運動的工作者不該拿高薪，而從事綠色工作的唯一理由是：「那是該做的事。」我們常聽到「重要的不只是結果，行事動機更爲重要」之類的話。但動機不該那麼重要。事實上，「我們的動機必須單純，否則我們的行動就不眞誠，而是邪惡且了無意義」的想法，正是綠色運動的最大迷思之一。

當我擔任救護車衛生員時，我常碰到「創傷毒癮患者」。他們是熱愛「好」（壞）電話的衛生員——嚴重車禍、死傷慘重的事件。這些傢伙爲這些事而活，爲這些事接受訓練，或許還夢想這些事發生。起初我嗤之以鼻。一群惡鬼，一群怪咖。但隨著和這群創傷毒癮患者共事時間一久，我不禁開始懷疑：如果我遇到意外，我會希望誰來照顧我呢？答案是：以災害爲生，呼吸俯仰之間盡是災害的人。

有些時候，人們的行事動機並不重要，只要結果是好的就好。如果促使個人或公司從事綠化的是免費公關、沽名釣譽或自我擴張的欲望，他們爲何不該厚著臉皮自我宣傳呢？氣候危機是如此危急，我們不能浪費任何既能實現變革又能促進討論的機會，或者動機。事實上，如果氣候問題的解決方案是由貪婪驅使，那豈不是最好的結果？

顧客在乎嗎？

話說回來，至少就純商業觀點而言，一個煩不勝煩的問題是：有人在乎嗎？綠色行銷——不管是不是漂綠——眞的會爲公司帶來好處嗎？由於缺乏足夠的實證證明綠化或推出綠色產品是否有助於產品銷售或企業繁榮，這個問題很難回答。誠如二〇〇二年《華爾街日報》一篇惡名昭彰的文章，喬弗瑞·佛勒（Geoffrey Fowler）的〈綠色推銷術動不了許多產品〉（Green’ Sales Pitch Isn’t Many Product）表示：「購物者會欣然購買便利，而非意識型態。[8]」文章指出，在年復一年的綠色行銷工作後，企業——至少在二〇〇二年——從品牌綠化中所獲得的利益或好處正節節下降。

二〇〇三年，凱特·墨菲（Cait Murphy）在《財星》雜誌中指出一件似乎到今天依然適用的事情：「企業要靠綠色工作賺錢，必須對事實有深刻的認識——人們現在不會，以後也不會權衡每一次購買決定對於社會、道德和環境的影響……總部設在多倫多的國際永續發展學會（International Institute for Sustainable Development）估計，只有不超過百分之二的北美消費者是「深綠的」——也就是說，願意尋找並購買對環境較好的產品。[9]」

這股趨勢延續至今。紐約郎濤設計顧問公司（Landor Associates）於二〇〇六年進行的一項研究發現，百分之六十四的受訪者無法指出有哪個品牌是「綠色」的[10]。而在自認環保的受訪者中，也有過半無法指名。「雖然這個名詞流傳已久，還是有很多人……不清楚它的含意，」研究指出：「維護生態、燃料效能、生物降解、天然和有機等詞都用於不同範疇的文章來強調綠色，但也可能因此讓消費者心生困惑。」

二〇〇七年，備受敬重的消費者研究公司楊克羅維奇（Yankelovich，創立於一九五八年）發表了一篇關於美國人購買習慣的新研究[11]。研究發現百分之三十七的消費者「高度關注」環境，但只有百分之二十五自認對環境議題有高度的認知。更只有百分之二十二認爲自己可以造成改變。

楊克羅維奇總裁渥克．史密斯（Walker Smith）爲此研究做了以下總結：「依照現今消費者的心態，以消費者市場的利基機會來形容綠色事業最爲適當。它是強勁的利基機會，但並非消費大眾熱烈擁護或有強烈感受的主流利益……消費大眾沒那麼在乎環境。綠色事業就是未能滿足大眾的幻想。」

這看來或許難以置信，因爲每一本主要雜誌皆不只一次把封面故事給了環保方面的主題，尤其是氣候變遷。搖滾巨星、演員和職業運動員都在談它，多數《財星》五百大企業不是有綠色計劃，就是已在研擬中。高爾贏得諾貝爾獎，沃爾瑪更以不到兩美元的價格販售節能日光燈泡。

然而，這份研究顯示，媒體關注度與消費者心態是兩碼子事。知名綠色事業作家及策略家喬爾．馬寇爾（Joel Makower）在其部落格「增加兩個步驟」論及這條鴻溝時指出，有百分之八十二的美國人沒讀過或看過高爾的著作《不願面對的眞相》（An Inconvenient Truth）及其同名電影。渥克．史密斯也指出「媒體給予環境的關注程度遠勝於消費者的關注程度。」

結果：多數高階主管就是難以向財務長大力鼓吹綠色品牌定位的重要——如果他們試圖以實證經驗做爲論述基礎的話。

但他們仍花了大筆鈔票在上面。這是爲什麼呢？

原因似乎可分兩方面來說：第一、他們看到了一個龐大的新興市場。有愈來愈多證據，包括我們的顧客調查顯示，即使目前大眾認知度仍普遍低落，企業對於環保的關注（以及多花點錢買綠色產品的意願）卻呈倍數增加，就算人們不見得是依照環保標準來決定要買什麼東西。

舉例來說，益百利研究服務機構（Experian Research Service）就表示「據信綠色消費者的年度購買力到二〇〇八年將上看五千億美元……這些綠色消費者將爲消費者市場帶來巨大的影響力。[12]」睡獅一旦驚醒，威力將十分驚人。

其次，市場顯然有一種感覺：「如果那麼多備受推崇的公司都在做這件事，他們一定知道什麼我們不知道的事。」事實上，我常用以下論述順利說服企業領導人從事環保事務：

「聽聽這份公司名單：星巴克、聯邦快遞、豐田、沃爾瑪、奇異。這些企業有什麼特殊之處？他們全都是品牌領導者。你一想到咖啡，就會想到星巴克。一想到寄包裹，就會想到聯邦快遞。不僅如此，他們長期以來都有非常傑出的獲利能力；他們的管理極爲出色；他們全都上市，也備受推崇。而你知道嗎？他們全都積極進行綠色計劃。這東西一定有什麼好處，不然不會有那麼多聰明的商人支持。他們是不是了解什麼事情？」

二〇〇六年《品牌週刊》（Brandweek）一篇文章引用了奇異家電全球廣告及

品牌執行經理茱蒂．胡（Judy Hu）的一番話：「綠色事業綠得跟美鈔的顏色一樣，」她說：「這與商業機會有關，而我們相信我們可以透過這些『綠色創意』（Ecomagination，奇異環保產品的品牌名稱）產品和服務來提高收益。」[13]

企業或許其實不認爲綠色行銷有多重要，消費者購買某項商品或常去某家商店光顧或許也不是因爲它是綠的。但他們的確在乎品牌及品牌定位，也的確感受到一股趨勢，或說是社會文化變革的開端，就算利用這股趨勢的經濟效益到目前仍屬微薄。就某方面來說，並非綠色運動在消費者心目中愈益重要——而是綠色運動正逐漸成爲行銷常態。

永續報告：是誤讀還是事實？

年度永續報告是企業宣傳永續經營工作的一種關鍵措施。這些紀錄旨在評估公司在邁向其難以達成的目標的過程中，做了什麼樣的進展。它們是標榜公司進步與成功的行銷素材，而且無不擺出山岳、溪流和麋鹿等「具吸引力之大型動物群」的照片。

這些報告的問題在於他們傳遞了錯誤的訊息。報告上說：「我們就要完成了。」但事實上，就算有少數公司眞的快要完成了（分界面公司、新比利時啤酒和天柏嵐（Timberland）或許如此），多數卻不然，甚至連非常在意的公司也是如此（如聯邦快遞和沃爾瑪）。理由很簡單——他們的碳足跡不減反增。如果年度報告的目的在揭露眞相，那就該說：「孩子，我們辦不到！」

歸根究柢，這份工作不是關於美，而是關於混亂；不是關於榮耀，而是對於艱鉅目標堅持不懈的追求。本書就印證了永續經營運動並非反掌折枝的事實。我們必須在爛泥巴裡匍匐前進，奮力解決那些答案錯綜複雜的難題。我們的存在本身即是矛盾，而我們努力的結果更在未定之天。

一直有人問我這個問題：「氣候變遷是現今的大問題，但接下來是什麼？」我最新的回答是：「誠實。」這兩個字是說，除非我們坦白供出事實，否則絕對無法專心解決眞正的問題。只要我們繼續買那些爛REC，在永續報告上擺山羊的照片，我們就是在欺騙自己。那麼，報告裡該寫什麼呢？垃圾。

二〇〇六年，愛斯本滑雪公司的永續報告以一張廢棄零件場的照片做封面——一堆廢棄金屬、空桶子、生鏽的舊零件和其他各色各樣的廢棄物。待過滑雪度假村的人都知道廢棄零件場是什麼，或許自己也有一座，也或許不是太引以爲傲。我們試著凸顯的重點在於這是過程，而非終點。在某些程度上，這是我們對美的概念。廢棄零件場的照片之所以美，是因爲它象徵了這場奮戰本身可以爭得的光輝。

報告的封底則是一座我們安裝的太陽能發電系統的照片。它也很美，美得讓十數本全國性雜誌爭相轉印。但那絕非傳統觀念中的美。它代表解決一個難題的技術。我們必須改變我們的審美觀，以及著力點。

數年前的每個早晨，在檢查唐尼修車廠的每一部零件清洗機，或許也滿懷期許地凝視甜瓜發射器之後，我常會看一下修車廠外面的資源回收桶，確定雪車駕駛沒有把塑膠袋和瓶瓶罐罐扔在一起，污染了可回收物。有時候，當我一手扶著垃圾桶的蓋子，一手把袋子和其他東西拉出來的時候，我會發現自己停住不動，張口結舌，仰望著科羅拉多州有藍知更鳥翱翔的美麗天空。

這個景象證實了我一直知道的一件事：從壕溝望出去的風景最能激勵人心。如果我們可以把這幅景致帶給大眾，並秉持著誠實與追求進步的決心，我們將能創造忠誠的核心顧客——以企業的身分來做或許更好——而在解決氣候挑戰上跨出成功的一步。

註釋

1. 路易士（Lewis），一九九五年。
2. 穆尼（Mooney），二〇〇五年。
3. 卡令那，一九九七年，第一百七十一頁。
4. 歐卡羅（O'Carrol），二〇〇八年。
5. 布魯諾（Bruno），二〇〇〇年。
6. 廣告內容可參閱：http://www.chevrolet.com/fuelsolutions/。
7. 路透社，二〇〇八年。
8. 佛勒，二〇〇二年。
9. 墨菲，二〇〇三年。
10. 郎濤設計顧問公司，二〇〇六年。
11. 關於這項專利研究的廣泛討論，請參閱：http://makeower.typepad.com/joel_makower/2007/07/green-consumers.html，以及 www.yakelovich.com。
12. 西蒙斯研究（Simmons Research），二〇〇七年。
13. 梅里力歐（Melilio）及米勒（Miller），二〇〇六年。

後記

永續世界不遠矣

「人類最古老的一個夢想是找到或許包含所有生物的尊嚴。而人類最大的渴望必定是將這種尊嚴帶入夢中，讓每個人以某種方式找到自己人生的典範。」

——貝瑞．羅培茲（Barry Lopez），《北極夢》（Artic Dreams），一九八六

二〇〇六年，原懷俄明州傑克森四季度假村（Four Seasons Resort）的保羅・薛瑞特（Paul Cherrett）接掌愛斯本滑雪公司的客務計劃，包括小尼爾飯店在內。

在佛羅里達長大的薛瑞特自小便沿著吃水線在紮實的沙灘上騎公路自行車，因此懷有非常強烈的環境倫理。事實上，他說他會來愛斯本滑雪公司是因爲它的企業文化和價值，包括其環境承諾。他在服務四季度假村期間曾實行「環保奢華」（Eco Luxe）計劃，這個配套方案讓客人得以選擇裝潢環保的房間，並把一部分的住宿費用捐給當地一個環保組織。他也停止使用瓶裝水，代之以盛裝當地新鮮自來水的水晶水壺；每年排除五萬兩千瓶愛維養礦泉水的結果，是替公司省下三萬七千美元。

在愛斯本的頭幾個星期內，薛瑞特走進我的辦公室，問我有關搭巴士的事。

「哎唷，」他說：「我在溫哥華和西雅圖的時候都常搭巴士，我愛搭巴士。」

事實上，從保羅住的巴賽特搭公車到我們的辦公室既方便又輕鬆。你不必握著方向盤隨時注意前面那台車的屁股，大可靠著椅背，讀讀當地的報紙。而且坐巴士也可省錢，因爲愛斯本滑雪公司會補貼巴士的月票。

隔週的星期一，薛瑞特又出現在我的辦公室，神色緊繃而激動。他告訴我他搭巴士的體驗。

他從家中走了一小段路到達巴士站，這相當輕鬆。但當公車到站時，車上卻擠得水洩不通。保羅身穿如尼爾飯店的艾瑞克．寇德隆那般體面的服裝——熨得筆挺的襯衫和精緻的長褲。而且巴士裡很熱——熱得要命。保羅不但不能看報，還得站著，汗如雨下。當他飛也似地脫下燙過的襯衫，他說：「每個人都用那種眼光看我，好像在說：『那白痴是誰啊？穿那種衣服，難道他買不起車嗎？還有他爲什麼會流那麼多汗？他是不是有哪裡不對勁？』」

由於不熟悉在地巴士的規矩，保羅不知道當司機宣布「機場」（我們辦公室所在地）的時候，如果你要下車還是得拉鈴。結果保羅錯過了站牌，只好在下一站巴特米克山下車。然後，他沒有沿自行車道走回來（他不知道有這條路），而是到對面的站牌又等了半小時的巴士。

保羅到公司時已遲到半小時，而且渾身濕到需要換衣服的地步，臉色看來不怎麼高興。但更糟的還在後頭。下午五點二十分，也就是要趕巴士回家的時候，外面竟下起雪來了。保羅絕望地走進我的辦公室。我告訴他我們可以搭晚一點的巴士，而我會送他出去。當我們到達巴士站時，那裡有三個牙齒都掉光的無家可歸的男人，從塑膠袋裡拿出罐裝啤酒喝。他們顯然不是在等巴士，只是把公車亭當作擋風遮雪的飲酒場。保羅問：

「我可以來一罐嗎？」

巴士到站時，保羅暈頭轉向得只能把票拿給巴士司機。在一陣尷尬的靜默之後，司機說：「嗚……你要去哪裡？」

「噢，抱歉，巴賽特。」一些乘客忍不住笑出來，好像在說：「怎麼會有人這麼無厘頭？」

保羅會發生這種事部分是因爲初來乍到。而身爲管理愛斯本一家五星級飯店的副總裁，他的故事並不會獲得同情。（「那可憐的高級主管得搭公車！還流汗流到渾身溼淋淋的！」但這也說明了做正確的事，綠色的事，或說是拯救氣候的事有多難——就連最無關緊要、最微不足道的層次也不例外。這種做法代表離經叛道，也難免給人自找麻煩、自討苦吃和自尋煩惱的感覺。而我們必須在全球的規模上做這件事！

既然迎戰氣候變遷一定會面臨極大的阻礙，我們值得問這個問題：未來有什麼能驅策我們不斷前進，而確實完成使命？我們要怎麼鼓舞自己——並持續下去——來面對前方一連串打擊？因爲這場戰爭不僅需要政治，也需要企業界的行動——更需要全人類永不妥協的投入和奉獻。我們需要改造社會。我們有可能找到夠強烈的動機來成功擴大這場氣候抗戰，幫助我們讓它永遠持續下去嗎？

我們可以對此行動的必要性做理性研究直到符合我們所需，一如我在第二章所述。但最後，我也發現，我們的動機通常會回到那句陳腔濫調：爲了我們的孩子，或者更冠冕堂皇的：爲了我們的尊嚴。

華特．班奈特，電鋸紅脖子

常有人要求和我碰面聊聊氣候、企業永續經營和環境的事。一天我接到一個名叫華特．班奈特（Walt Bennett）的男人打來的電話。他在德國電鋸製造商「史迪爾」（Stihl）工作。史迪爾和愛斯本滑雪公司有合作關係，是自由滑雪比賽的贊助商，而我們也會用史迪爾的電鋸在我們的山上切割軌道〔一條新軌道即取名爲「史迪雷多」（Stihletto）來向該公司致敬〕。戴著史迪爾的帽子——尤其是襯了泡綿的卡車司機帽——就像戴著約翰．迪爾（John Deere）的帽子一樣，代表你是誠實可靠的藍領工人。滑雪巡邏隊喜歡他們。

華特想和我碰面聊聊氣候變遷的事，我也同意了，雖然我對這次碰面不抱太大期望。畢竟，這傢伙是電鋸製造商出身的。

他一走進房間，我的希望又跌得更深了。五十多歲的他留著灰色的平頭，看起來像，也自稱是西德克薩斯州的保守派份子。他是灰髮錢尼式董事的縮影——我巴不得那些人趕快死一死，我們才能眞正對氣候有所作爲。約翰說他剛抱孫子：他的女兒剛生了一個男孩。他拿出筆記電腦，把它連接到他的投影機上。

「我可以給你看看我準備要給公司高級主管們看的簡報嗎？」

「沒問題，」我說，心想：誰來帶我離開這裡！

華特按了按鈕，讓我大吃一驚。他以氣候變遷爲題準備了長達一小時的多媒體報告，搭配了鄉村音樂、影音連結和許許多多的圖表，比我見過這領域的專家、非營利組織的頭子、高爾和氣候博士所做的任何簡報都要精采。它馬上切入科學、挑戰以及一些解決之道。華特的目標是說服史迪爾應立刻開始對氣候變遷採取行動，配合其研發燃燒更潔淨的電鋸和其他電動工具等工作。

當華特做完簡報後，我呆坐在那裡，瞠目結舌，好一會兒才勉強做出回應。當我好不容易吐出話來，我問：

「華特，容我這麼問……是什麼驅使像你這樣的德州保守派人士關心起氣候變遷來，更別說是想要改變全公司對這個議題的觀念？你眞的不像是會做這種事情的人。」

華特說：「當我牽著我的孫子——牽著那小寶貝的時候……」他的聲音弱了下來。

我想他是要哭了。我想我也要哭了。

我相信，類似華特這種對氣候變遷之意涵發自內心的了解，正在全美國及全世界蔓延開來。會發生這種轉變是因爲氣候變遷是我們社會從未見過的威脅。它不像本世紀之初環境學家的末日預言（如人口爆炸），而是獲得科學一致的支持。它還在發生，而且每下愈況。

記者比爾・摩耶斯（Bill Moyers）二〇〇四年獲頒哈佛醫學院全球環境公民獎（Global Environment Citizen）時，也說到一個類似的經驗。他說他看到那些新聞——埃克森美孚資助的政策團體所發布聲稱氣候變遷是種迷思的報告；國會法案增列使用殺蟲劑時無須在意瀕臨絕種物種的條款；還有其他對環境的污辱。他抬起頭來，看到桌上孫兒們的照片：

> 我看到未來從照片中回瞪著我……我們……在背叛他們的信任。掠奪他們的世界……李爾王在荒原上問葛羅塞斯特：「你是怎麼看世界的？」眼盲的葛羅塞斯特回答：「我用感覺來看世界。」
>
> 我用感覺來看世界。
>
> ……戰鬥的意志是對抗絕望的解藥……也是我對那些從桌上照片裡看著我的臉

寵，所能給予的答案。人類健康的科學必須配合古以色列人所稱的「hocma」——心的科學……去看……去感覺……進而採取行動的能力……彷彿未來全繫於你身上似的。相信我，事實如此。

有浸禮會牧師身分的摩耶斯在保護地球的偉大運動中注入了一些正面的宗教元素。氣候變遷賦予我們某件非常珍貴且難以在現代社會找到的東西：它給了我們參與一個運動的機會，來實現（就其廣大的範疇而言）人類追尋生命意義的心願。

我在二〇〇七年認識了阿拉斯加的一名導遊鮑伯・詹斯（Bob Janes），最近我收到他的一封電子郵件，信上寫著：

> 我對地球暖化問題愈來愈感興趣了（有誰不呢？）。我固然能讓自己（包括我本人及業務能力上）投入現在及未來，但對其方向仍茫無頭緒……
>
> 你相信我們眞的可以找到辦法，一面在此已經萌芽的（危機？）謀得一點生機，晚上回家後還能讓孩子明白我們正在完成某件好事嗎？我的商業嗅覺告訴我，我們有很多很好的機會，但這個領域似乎也會引來冒昧的人士和關注。究竟什麼才是事實？何者能禁得起時間的考驗？

當我試著釐清鮑伯的重點，並思忖他所提問題的答案時，最後想出了一些有異於我的科學背景和永續及氣候領域歷來採取之實證觀點的詞彙，來形容鮑伯的目標。這些詞是來自宗教社群的——如「慈悲」、「尊嚴」、「救贖」和「同情」。而我突然想起環保和政治世界在討論氣候變遷和其對策之時，一直忽略了某些根本的東西。

過去二十年來，市面上以氣候變遷與企業永續經營爲題的書籍不下數十本。其中大部分出自左傾環保團體的非宗教學者，或是右派智庫裡熱衷於自由市場的經濟學家。他們不是提供純粹的科學，就是純粹的經濟原理。

這些書籍中很少，甚至無一提及一個明顯到炯炯發光的要點：自兩千至四千年前大型組織性宗教創立以來，從來沒有出現過像解決氣候變遷如此包羅萬象的機會、如此偉大的承諾以及如此龐大的規模來達成普世人類的目標。就連日益茁壯的福音氣候運動都著眼於《聖經》所述的管家職分，而非人類對生命意義的追求。但永續社會的願景，以及它公平、社會正義、快樂與希望的含意，無不體現多數宗教傳統的主要熱望：找出與彼此、世界及良知和平共存的方式；以慈悲度眾生；以及建立高尚生活的架構。多數宗教皆已逐步發展，以滿足人類對於社群、理解與使命的基本需求。就此初衷而言，宗教和永續運動似乎源於同樣的古代人類。

這是個充滿希望的想法：或許人類天生就注定要致力於——並且喜歡——像解決氣候變遷問題之類的挑戰。

一九二七年，當查爾斯・林白（Charles Lindbergh）完成單獨飛越大西洋的壯舉，史考特・費茲傑羅（F. Scott Fitzgerald）寫道：「某種鮮豔而奇異的東西閃過天際……這一刻鄉村俱樂部和非法酒吧裡的人們紛紛摘下眼鏡，想著他們古老的美夢。」或許解決氣候變遷就能實現我們一個最古老的夢想。也或許是更好的事情：或許我們就是不得不這麼做。人類天生便有渴望，這種特質暗示我們就是不能拒絕這個能讓生命充滿意義、尊嚴、希望、願景和慈悲的機會。解決氣候問題就存在於我們的血液和骨子裡。

最重要的是，我們以前做過這件事。我的祖父喬伊一九〇一年出生於北達科塔州的法哥，一九九七年過世，他漫長的一生中有一段時間是生活在拉馬車、燒木柴的爐子、吃當地食物、污染很少、幾乎完全使用再生能源的時代。我們的祖父母大多生活在永續的世界。在最黑暗的時刻，我們可以想想他們，做為自己的試金石：我觸摸過曾住在永續社會的人。我曾坐在他的大腿上，我曾親吻他道晚安。我的衣櫥抽屜裡還留著他的手錶。

我們需要做的事情是那麼親密、那麼真實、那麼個人、那麼實際、也那麼可行。

我們不指望你完成任務，但也不准你半途而廢。

——猶太法典《塔木德經》(The Talmud)

出處

本書許多部分原以不同形式刊載於其他刊物：

《哈佛商業評論》：〈綠色事業綠在哪裡？〉（Where's the Green in Green Business），二〇〇二年六月，第二十八頁至二十九頁；〈能源憑證買家當心了〉（Energy Credit Buyers Beware），二〇〇六年九月，第二十四頁至二十五頁；〈當綠化產生反效果〉（When Being Green Backfires），二〇〇七年十月，第三十五頁及三十八頁。

《工業生態期刊》：〈在客服部門應用工業生態的原則〉（Applying the Principles of Industrial Ecology to the Guest Service Sector），二〇〇三年一月，第一百二十七頁至一百三十八頁；〈燃起減排動力〉（Priming the Pump for Emissions Reduction），二〇〇六年十月，第八頁至十一頁。

《費城詢問報》：〈利用環境世界博覽會來展現進步〉（Use Environmental World's Fair to Show Progress），與艾德・馬爾斯頓合撰，二〇〇六年二月十六日。

Grist.org：〈替綠樑木匠加薪〉（Raise High the Green Beam Carpenter），二〇〇六年六月八日；〈如何促進綠建築成長〉（How to Make Green Building Grow），二〇〇六年六月八日；〈全盤揭露：漂綠對企業有益嗎？〉（Coming Clean: Is Greenwashing Good for Business?），二〇〇六年八月二十二日；〈是時候了〉（It's 'Bout Time），二〇〇六年八月二十四日。

〈祈禱〉出自愛米羅・哈瑞斯，版權由愛默音樂及高粱音樂所有（© 1999 Almo Music Corp. and Sorghum Music）。本書歌詞之引用經愛默音樂公司授權許可。

〈行屍走肉〉（Dead Man Walking）出自布魯斯・史普林斯汀。版權由布魯斯・史普林斯汀所有（© 1995 Bruce Springsteen），經其許可轉載。

亞伯特・卡繆的話引用自《薛西佛斯的迷思》（The Myth of Sisyphus），藍燈書屋（Random House）於一九四二年出版。

羅倫・艾斯里的話係經賽門・舒斯特（Simon & Schuster）旗下之史庫利納出版社（Scribner）許可，引用自羅倫・艾斯里《時間的穹蒼》一書。版權由艾斯里及賓州大學信託所有。

貝瑞・羅培茲的話係經其許可引用。

出自喬瑟夫・羅姆著作《水深火熱：全球暖化—解決途徑與政治—與我們該做的事》及其部落格www.climateprogress.org之引言，係經羅姆許可轉載。

蘭迪・烏達爾的話係經其許可引用。亦感謝蘭迪答應讓我援用我們合撰之〈LEED壞了，讓我們把它修一修〉（LEED Is Broken ... Let's Fix It）論文的一段。

感謝艾德・馬爾斯頓授權使用「讓愛斯本成為世界進步博覽會」的討論，這段討論係出自我們合撰的一篇文章。

作　　者　奧登・山德勒 (Auden Schendler)
譯　　者　洪世民

發 行 人　李家恩
總 編 輯　黃智成
主　　編　宋勝祐
編　　輯　王怡婷　莊琬茹

出 版 者　繁星多媒體股份有限公司
董 事 長　黃瑞循
總 經 理　黃　山
執行顧問　張雪玲
社務顧問　黃仁雄
行銷總監　陳淑惠
編務統籌　胡惠君
發行經理　張純鐘
教推經理　蕭　毅
客戶服務　蔡芳芸
地址：台北縣五股工業園區五工五路37號
電話：(02) 22999822・(02) 22982836
電子信箱：service@BeautyEnglish.com.tw

經 銷 商　聯合發行股份有限公司
印　　刷　2010年02月初版
定　　價　新台幣320元
ISBN 978-986-6414-51-0

地球★環保IE001

GETTING GREEN DONE

Hard Truths From the Front Lines of the Sustainability Revolution

綠能經濟學

企業與環境雙贏法則

國家圖書館出版品預行編目資料

綠能經濟學：企業與環境雙贏法則 / 奧登・山德勒 (Auden Schendler) 作；洪世民譯. – 初版. –台北縣五股鄉；繁星多媒體, 2010. 02
面；　公分. – (地球★環保；IE001)
譯自：Getting Green Done: Hard Truths From the Front Lines of the Sustainability Revolution
ISBN 978-986-6414-51-0 (平裝)
1. 企業社會學　2. 環境保護　3. 綠色革命
4. 氣候變遷
490.15　　98024690

GETTING GREEN DONE:
Hard Truths From the Front Lines of the Sustainability Revolution
by Auden Schendler

繁星★公司

繁星✱公司

繁星✱公司

繁星✱公司